Friedrich Grundner, August Schuberg, Adam Schwappach

Hilfstafeln zur Inhaltsbestimmung von Bäumen und Beständen

der Hauptholzarten

Friedrich Grundner, August Schuberg, Adam Schwappach

Hilfstafeln zur Inhaltsbestimmung von Bäumen und Beständen der Hauptholzarten

ISBN/EAN: 9783743365605

Hergestellt in Europa, USA, Kanada, Australien, Japan

Cover: Foto ©berggeist007 / pixelio.de

Manufactured and distributed by brebook publishing software
(www.brebook.com)

Friedrich Grundner, August Schuberg, Adam Schwappach

Hilfstafeln zur Inhaltsbestimmung von Bäumen und Beständen

der Hauptholzarten

Hilfstafeln zur Inhaltsbestimmung

von

Bäumen und Beständen

der Hauptholzarten.

(authors on p. IV)

Herausgegeben

nach den

Arbeiten des Vereins deutscher forstlicher Versuchsanstalten.

Vorwort.

Bereits bei der Vereinbarung über die Herausgabe von Formzahlen und Massentafeln für Buche, Fichte, Kiefer und Weißtanne nach den Ermittelungen des Vereines deutscher forstlicher Versuchsanstalten im Jahr 1888 war die Ansicht geäußert worden, daß es sich empfehlen dürfte, nach dem Erscheinen der Einzelarbeiten einen Auszug aus den Massentafeln als bequeme Hilfe bei den taxatorischen Arbeiten in kompendiöser Form zu veröffentlichen, während für eingehendere Untersuchungen auf die Originalarbeiten zurückzugreifen sei.

Nachdem nunmehr letztere sämtlich vorliegen,*) sind die Unterzeichneten mit Zustimmung der Wittwe des inzwischen verstorbenen Kollegen Prof. Dr. von Baur zur Ausführung des eingangs erwähnten Planes geschritten.

Die Absicht, den Umfang dieses Hilfsbuchs auf das bei Taxations= arbeiten unbedingt erforderliche zu beschränken, führte zu der Vereinbarung,

---

*) Die Veröffentlichungen sind in der Verlagsbuchhandlung Paul Parey in Berlin in folgender Weise erschienen:

Formzahlen und Massentafeln für die Kiefer. Auf Grund der vom Verein deutscher forstlicher Versuchsanstalten erhobenen Materialien herausgegeben von Dr. A. Schwappach, Professor an der Forstakademie Eberswalde. 1890. Kartonniert, Preis 2 M 50 Pf.

Formzahlen und Massentafeln für die Fichte. Auf Grund der vom Verein deutscher forstlicher Versuchsanstalten erhobenen Materialien herausgegeben von Dr. Franz Baur, Professor an der Universität München. 1890. Kartonniert, Preis 5 M.

Formzahlen und Massentafeln für die Weißtanne. Auf Grund der vom Verein deutscher forstlicher Versuchsanstalten erhobenen Materialien herausgegeben von K. Schu= berg, Oberforstrat, Professor der Forstwissenschaft an der technischen Hochschule Karlsruhe. 1891. Kartonniert, Preis 6 M.

Formzahlen und Massentafeln für die Buche. Auf Grund der vom Verein deutscher forstlicher Versuchsanstalten erhobenen Materialien bearbeitet von L. W. Horn, weil. Herzoglich Braunschweigischem Geheimen Cammerate und Vorstande der Herzoglichen forst= lichen Versuchsanstalt. Herausgegeben von Dr. F. Grundner, Herzoglich Braun= schweigischem Cammerate und Vorstande der Herzoglichen forstlichen Versuchsanstalt. 1898. Kartonniert, Preis 4 M.

Die nachstehend mitgeteilten Teile der Massentafeln für Kiefer und Fichte sind 1896 von Major a. D. Weise in das russische Maß umgerechnet und von der russischen Staats= forstverwaltung erworben worden.

daß aus den 4 Einzelarbeiten lediglich die Massentafeln für Derbholz und Bauminhalt entnommen werden sollten.

Da für diese beiden Arten von Tafeln bei der Fichte und Kiefer je zwei Wachstums-Gebiete ausgeschieden sind, veranlaßte der leitende Gesichtspunkt, nur die Tafeln jener Wachstums-Gebiete hier mitzuteilen, wo die betr. Holzart innerhalb Deutschlands zufolge ihrer größeren Verbreitung auch wirtschaftlich die meiste Bedeutung besitzen.

Demgemäß sind bei der Fichte die Tafeln für: Bayern, Preußen und Württemberg, bei der Kiefer jene für Norddeutschland zum Abdruck gelangt.

Dieses Vorgehen schien um so mehr zulässig, als die Abweichungen zwischen den verschiedenen Wachstumsgebieten meist innerhalb des für taxatorische Arbeiten zulässigen Spielraumes liegen.

Diese Erwägung wird weiterhin noch dadurch unterstützt, daß die bayerischen Massentafeln, welche doch einem ungleich engeren Gebiet entstammen, noch gegenwärtig anstandslos durch ganz Deutschland benutzt werden.

Andererseits hat das Streben nach vielseitiger Branchbarkeit eine Erweiterung des ursprünglichen Programmes durch folgende Tafeln veranlaßt:

1. Massentafeln für Nadelholzstangen (Kiefer, Fichte und Weißtanne) bearbeitet vom Oberforstrat Schuberg nach den Untersuchungen der badischen Versuchsanstalt.

Sie sind an Stelle der Massentafeln für Schaftholz getreten und zwar deshalb, weil diese von dem Meßpunkt bei 1,3 m ausgehen, während der Sortierung der Stangen der Durchmesser bei 1 m vom Abhieb entfernt zu Grunde liegt.

2. Derbholz- und Baumformzahlen für die Eiche, bearbeitet von Oberforstrat Schuberg als vorläufiger Ersatz für neue Eichenmassentafeln.

3. Bestandesformzahlen für Buche, Kiefer, Fichte, Weißtanne und Eiche, mitgeteilt vom Professor Dr. Schwappach als wertvolle Hilfe für Bestandesmassen-Ermittelungen, bei welchen nur ein mittlerer Grad von Genauigkeit erfordert wird.

Braunschweig, Karlsruhe und Eberswalde, im Sommer 1898.

Dr. Grundner, Schuberg, Dr. Schwappach.

Inhalt.

I.

Maſſentaf

des

holz= und Bau

für

che, Fichte, Kiefer u

ntafeln.

1. Buche

bearbeitet

von

Geh. Cammerrat **Horn** u. Cammerrat Dr. **Grundner.**

———

Tabelle I.

a) Derbholz-Massentafel.

Altersklasse bis 60 Jahre.

Scheitelhöhe m	Durchmesser 1,3 m über dem Boden: cm													
	6	7	8	9	10	11	12	13	14	15	16	17	18	19
	Festmeter													
7	0,002	0,004	0,011	0,017	—	—	—	—	—	—	—	—	—	—
8	0,002	0,005	0,012	0,019	0,025	0,032	0,039	—	—	—	—	—	—	—
9	0,002	0,005	0,013	0,021	0,028	0,036	0,044	0,053	0,062	0,071	—	—	—	—
10	0,002	0,006	0,014	0,023	0,031	0,040	0,049	0,059	0,069	0,080	0,091	—	—	—
11	0,002	0,006	0,015	0,025	0,035	0,044	0,054	0,065	0,076	0,088	0,101	—	—	—
12	0,002	0,006	0,017	0,027	0,038	0,048	0,059	0,071	0,083	0,096	0,110	0,125	0,141	—
13	0,003	0,007	0,018	0,030	0,041	0,052	0,064	0,077	0,091	0,105	0,120	0,136	0,153	0,171
14	0,003	0,007	0,019	0,032	0,045	0,056	0,069	0,083	0,098	0,113	0,129	0,147	0,165	0,184
15	—	0,008	0,021	0,034	0,048	0,060	0,074	0,089	0,105	0,121	0,138	0,157	0,177	0,197
16	—	0,008	0,022	0,036	0,051	0,065	0,079	0,095	0,112	0,129	0,148	0,168	0,189	0,210
17	—	0,009	0,023	0,038	0,054	0,069	0,085	0,102	0,119	0,138	0,158	0,179	0,201	0,224
18	—	—	0,025	0,041	0,058	0,073	0,090	0,108	0,127	0,146	0,167	0,190	0,213	0,237
19	—	—	—	0,043	0,061	0,077	0,095	0,114	0,134	0,155	0,177	0,200	0,225	0,251
20	—	—	—	0,045	0,065	0,082	0,100	0,121	0,141	0,163	0,187	0,211	0,237	0,265
21	—	—	—	—	0,068	0,086	0,105	0,127	0,149	0,172	0,196	0,222	0,250	0,279
22	—	—	—	—	—	0,090	0,111	0,133	0,156	0,180	0,206	0,233	0,262	0,293
23	—	—	—	—	—	0,094	0,116	0,140	0,164	0,189	0,215	0,244	0,275	0,308
24	—	—	—	—	—	0,099	0,121	0,147	0,171	0,197	0,225	0,256	0,288	0,323
25	—	—	—	—	—	—	—	0,153	0,178	0,205	0,235	0,267	0,302	0,337
26	—	—	—	—	—	—	—	0,160	0,186	0,214	0,245	0,279	0,314	0,352

a) Derbholz-Maſſentafel.

Altersklaſſe bis 60 Jahre.

Scheitelhöhe	Durchmeſſer 1,3 m über dem Boden: cm												
	20	21	22	23	24	25	26	27	28	29	30	31	32
m	Feſtmeter												
7	—	—	—	—	—	—	—	—	—	—	—	—	—
8	—	—	—	—	—	—	—	—	—	—	—	—	—
9	—	—	—	—	—	—	—	—	—	—	—	—	—
10	—	—	—	—	—	—	—	—	—	—	—	—	—
11	—	—	—	—	—	—	—	—	—	—	—	—	—
12	—	—	—	—	—	—	—	—	—	—	—	—	—
13	—	—	—	—	—	—	—	—	—	—	—	—	—
14	0,204	—	—	—	—	—	—	—	—	—	—	—	—
15	0,218	0,241	0,265	0,290	0,316	—	—	—	—	—	—	—	—
16	0,233	0,257	0,282	0,309	0,337	0,365	0,396	—	—	—	—	—	—
17	0,248	0,274	0,300	0,329	0,358	0,389	0,422	0,455	0,488	0,523	0,560	—	—
18	0,263	0,291	0,319	0,349	0,380	0,413	0,447	0,482	0,518	0,554	0,593	0,633	0,675
19	0,278	0,307	0,337	0,369	0,403	0,437	0,473	0,510	0,548	0,586	0,627	0,670	0,714
20	0,293	0,324	0,357	0,391	0,426	0,462	0,500	0,538	0,578	0,618	0,662	0,706	0,753
21	0,309	0,342	0,376	0,412	0,449	0,489	0,527	0,568	0,609	0,652	0,698	0,745	0,792
22	0,326	0,360	0,396	0,433	0,473	0,514	0,555	0,597	0,641	0,686	0,734	0,784	0,833
23	0,342	0,378	0,416	0,456	0,497	0,541	0,584	0,628	0,674	0,722	0,771	0,823	0,875
24	0,359	0,397	0,437	0,479	0,522	0,567	0,613	0,660	0,708	0,758	0,808	0,862	0,917
25	0,376	0,416	0,457	0,502	0,546	0,592	0,640	0,690	0,740	0,793	0,845	0,902	0,959
26	0,393	0,434	0,477	0,524	0,569	0,616	0,667	0,719	0,772	0,826	0,882	0,942	1,002

Tabelle I.

a) Derbholz-Massentafel.

Altersklasse 61 bis 100 Jahre.

Scheitelhöhe	Durchmesser 1,3 m über dem Boden: cm												
	10	11	12	13	14	15	16	17	18	19	20	21	22
m	Festmeter												
10	0,033	0,041	0,050	0,059	0,070	0,080	0,092	0,104	0,117	0,131	—	—	—
11	0,036	0,046	0,055	0,066	0,077	0,089	0,102	0,115	0,129	0,144	0,160	—	—
12	0,040	0,050	0,060	0,072	0,084	0,097	0,111	0,126	0,141	0,158	0,175	0,193	0,212
13	0,043	0,054	0,066	0,078	0,091	0,106	0,121	0,137	0,154	0,171	0,190	0,210	0,230
14	0,047	0,058	0,071	0,085	0,099	0,114	0,131	0,148	0,166	0,185	0,205	0,226	0,249
15	0,050	0,063	0,076	0,091	0,106	0,123	0,140	0,159	0,178	0,199	0,221	0,244	0,267
16	0,054	0,067	0,082	0,097	0,114	0,131	0,150	0,170	0,191	0,213	0,236	0,260	0,286
17	0,057	0,071	0,087	0,104	0,121	0,140	0,160	0,181	0,203	0,227	0,252	0,278	0,306
18	0,061	0,075	0,092	0,111	0,129	0,149	0,170	0,192	0,216	0,241	0,267	0,295	0,324
19	0,064	0,079	0,098	0,117	0,137	0,157	0,180	0,203	0,228	0,255	0,283	0,313	0,343
20	0,068	0,084	0,103	0,124	0,144	0,166	0,190	0,215	0,241	0,269	0,298	0,330	0,363
21	—	0,088	0,109	0,130	0,152	0,175	0,200	0,226	0,253	0,283	0,314	0,347	0,382
22	—	0,092	0,114	0,137	0,160	0,184	0,210	0,237	0,266	0,297	0,330	0,364	0,401
23	—	0,097	0,120	0,144	0,167	0,192	0,220	0,248	0,279	0,311	0,345	0,382	0,419
24	—	—	0,125	0,150	0,175	0,201	0,229	0,259	0,291	0,325	0,361	0,399	0,438
25	—	—	—	0,157	0,182	0,210	0,239	0,271	0,304	0,340	0,377	0,416	0,457
26	—	—	—	0,164	0,190	0,219	0,249	0,281	0,316	0,353	0,392	0,433	0,476
27	—	—	—	—	0,198	0,228	0,259	0,293	0,329	0,367	0,408	0,451	0,495
28	—	—	—	—	—	0,236	0,269	0,304	0,342	0,382	0,423	0,467	0,514
29	—	—	—	—	—	—	0,279	0,315	0,354	0,395	0,439	0,484	0,532
30	—	—	—	—	—	—	0,288	0,326	0,366	0,409	0,454	0,502	0,551
31	—	—	—	—	—	—	—	0,337	0,379	0,423	0,469	0,519	0,570
32	—	—	—	—	—	—	—	—	0,392	0,437	0,486	0,536	0,589
33	—	—	—	—	—	—	—	—	0,451	0,501	0,553	0,607
34	—	—	—	—	—	—	—	—	—	—	0,516	0,570	0,627
35	—	—	—	—	—	—	—	—	—	—	—	0,588	0,645
36	—	—	—	—	—	—	—	—	—	—	—	—	0,664
37	—	—	—	—	—	—	—	—	—	—	—	—	—

Tabelle I.

a) Derbholz-Massentafel.

Altersklasse 61 bis 100 Jahre.

Schafthöhe	Durchmesser 1,3 m über dem Boden: cm													
	23	24	25	26	27	28	29	30	31	32	33	34	35	36
m	Festmeter													
10	—	—	—	—	—	—	—	—	—	—	—	—	—	—
11	—	—	—	—	—	—	—	—	—	—	—	—	—	—
12	0,232	—	—	—	—	—	—	—	—	—	—	—	—	—
13	0,252	0,275	0,299	0,323	0,349	0,375	0,403	0,431	0,460	0,490	0,520	0,552	0,584	0,617
14	0,272	0,296	0,322	0,349	0,377	0,405	0,435	0,466	0,498	0,529	0,563	0,596	0,632	0,667
15	0,293	0,319	0,347	0,375	0,405	0,436	0,468	0,500	0,534	0,569	0,604	0,641	0,680	0,718
16	0,313	0,342	0,371	0,402	0,433	0,466	0,501	0,536	0,572	0,609	0,647	0,687	0,727	0,769
17	0,334	0,364	0,396	0,429	0,462	0,497	0,533	0,571	0,609	0,649	0,691	0,732	0,775	0,820
18	0,355	0,386	0,420	0,455	0,491	0,528	0,566	0,607	0,648	0,691	0,733	0,778	0,824	0,870
19	0,376	0,409	0,445	0,481	0,520	0,559	0,600	0,642	0,687	0,730	0,777	0,823	0,872	0,923
20	0,396	0,432	0,469	0,508	0,549	0,590	0,633	0,677	0,725	0,772	0,819	0,870	0,922	0,973
21	0,417	0,454	0,494	0,534	0,576	0,621	0,666	0,714	0,762	0,812	0,862	0,915	0,970	1,026
22	0,438	0,477	0,518	0,561	0,605	0,652	0,699	0,750	0,800	0,853	0,907	0,963	1,020	1,077
23	0,459	0,499	0,543	0,587	0,633	0,681	0,732	0,785	0,838	0,893	0,950	1,009	1,069	1,128
24	0,480	0,522	0,567	0,614	0,662	0,712	0,764	0,819	0,877	0,934	0,994	1,055	1,118	1,180
25	0,500	0,544	0,592	0,641	0,691	0,744	0,798	0,855	0,913	0,973	1,035	1,099	1,164	1,232
26	0,521	0,567	0,616	0,667	0,720	0,775	0,831	0,889	0,952	1,014	1,079	1,145	1,213	1,284
27	0,541	0,589	0,640	0,694	0,748	0,805	0,863	0,926	0,988	1,053	1,120	1,189	1,260	1,333
28	0,562	0,612	0,664	0,720	0,778	0,836	0,897	0,960	1,025	1,092	1,161	1,236	1,309	1,385
29	0,582	0,634	0,689	0,745	0,805	0,866	0,929	0,996	1,064	1,133	1,205	1,280	1,359	1,438
30	0,603	0,657	0,713	0,773	0,833	0,898	0,963	1,031	1,100	1,173	1,250	1,326	1,406	1,487
31	0,623	0,679	0,738	0,798	0,861	0,928	0,995	1,067	1,139	1,214	1,291	1,371	1,455	1,540
32	0,645	0,702	0,762	0,824	0,889	0,958	1,027	1,102	1,176	1,253	1,336	1,418	1,502	1,590
33	0,665	0,724	0,786	0,852	0,918	0,990	1,062	1,136	1,215	1,295	1,377	1,462	1,549	1,639
34	0,687	0,748	0,811	0,877	0,946	1,020	1,094	1,173	1,252	1,334	1,419	1,506	1,596	1,692
35	0,707	0,770	0,835	0,903	0,974	1,050	1,126	1,207	1,289	1,374	1,461	1,551	1,643	1,742
36	0,727	0,793	0,861	0,931	1,004	1,082	1,160	1,242	1,326	1,413	1,503	1,598	1,694	1,792
37	—	0,815	0,884	0,957	1,032	1,112	1,193	1,276	1,366	1,455	1,547	1,643	1,741	1,842

Tabelle 1.

a) Derbholz-Maſſentafel.

Altersklaſſe 61 bis 100 Jahre.

Schafthöhe m	Durchmeſſer 1,3 m über dem Boden: cm													
	37	38	39	40	41	42	43	44	45	46	47	48	49	50
	Feſtmeter													
10	—	—	—	—	—	—	—	—	—	—	—	—	—	—
11	—	—	—	—	—	—	—	—	—	—	—	—	—	—
12	—	—	—	—	—	—	—	—	—	—	—	—	—	—
13	0,651	0,687	—	—	—	—	—	—	—	—	—	—	—	—
14	0,704	0,743	0,783	—	—	—	—	—	—	—	—	—	—	—
15	0,758	0,798	0,840	0,882	—	—	—	—	—	—	—	—	—	—
16	0,810	0,855	0,900	0,945	—	—	—	—	—	—	—	—	—	—
17	0,865	0,912	0,961	1,008	1,059	—	—	—	—	—	—	—	—	—
18	0,919	0,968	1,019	1,072	1,126	1,180	—	—	—	—	—	—	—	—
19	0,972	1,026	1,080	1,134	1,192	1,250	1,311	—	—	—	—	—	—	—
20	1,028	1,084	1,142	1,199	1,260	1,322	1,385	1,451	—	—	—	—	—	—
21	1,084	1,143	1,202	1,264	1,328	1,391	1,458	1,526	1,596	—	—	—	—	—
22	1,138	1,200	1,261	1,327	1,394	1,463	1,530	1,602	1,676	—	—	—	—	—
23	1,192	1,257	1,322	1,390	1,461	1,533	1,603	1,679	1,756	1,835	1,915	1,998	2,082	2,168
24	1,246	1,315	1,382	1,454	1,527	1,603	1,676	1,755	1,836	1,919	2,003	2,089	2,177	2,267
25	1,301	1,369	1,442	1,517	1,594	1,673	1,750	1,832	1,916	2,003	2,091	2,181	2,272	2,366
26	1,353	1,427	1,503	1,581	1,661	1,743	1,824	1,909	1,997	2,087	2,179	2,272	2,368	2,466
27	1,408	1,482	1,561	1,642	1,725	1,810	1,898	1,987	2,078	2,172	2,267	2,365	2,464	2,566
28	1,460	1,540	1,622	1,707	1,793	1,881	1,972	2,065	2,160	2,252	2,351	2,452	2,556	2,661
29	1,515	1,598	1,684	1,771	1,861	1,953	2,047	2,143	2,242	2,337	2,440	2,545	2,652	2,762
30	1,571	1,657	1,745	1,836	1,929	2,024	2,122	2,221	2,324	2,423	2,530	2,638	2,744	2,857
31	1,627	1,712	1,803	1,897	1,993	2,092	2,192	2,296	2,401	2,504	2,614	2,726	2,841	2,958
32	1,679	1,771	1,865	1,962	2,062	2,163	2,268	2,374	2,484	2,590	2,704	2,820	2,933	3,054
33	1,732	1,826	1,924	2,024	2,126	2,231	2,339	2,449	2,561	2,671	2,788	2,908	3,031	3,156
34	1,788	1,886	1,986	2,089	2,195	2,303	2,414	2,523	2,639	2,757	2,879	3,002	3,122	3,251
35	1,840	1,941	2,045	2,151	2,260	2,371	2,485	2,602	2,722	2,839	2,963	3,091	3,214	3,347
36	1,893	1,996	2,103	2,212	2,324	2,439	2,556	2,677	2,800	2,926	3,054	3,179	3,313	3,449
37	1,945	2,052	2,161	2,274	2,389	2,507	2,627	2,751	2,878	3,007	3,139	3,267	3,405	3,545

Tabelle I.

a) Derbholz-Massentafel.

Altersklasse über 100 Jahre.

Scheitelhöhe m	Durchmesser 1,3 m über dem Boden: cm														
	13	14	15	16	17	18	19	20	21	22	23	24	25	26	27
	Festmeter														
12	0,072	0,085	0,098	0,112	0,127	0,143	0,159	0,176	0,195	0,214	0,235	0,256	—	—	—
13	0,079	0,092	0,107	0,123	0,139	0,156	0,174	0,193	0,213	0,234	0,256	0,279	0,303	0,329	0,354
14	0,085	0,100	0,116	0,133	0,150	0,169	0,189	0,209	0,231	0,253	0,277	0,302	0,328	0,355	0,383
15	0,092	0,108	0,125	0,144	0,162	0,182	0,203	0,225	0,249	0,273	0,299	0,326	0,354	0,383	0,413
16	0,098	0,116	0,134	0,154	0,174	0,196	0,218	0,242	0,267	0,294	0,321	0,350	0,380	0,411	0,444
17	0,105	0,124	0,144	0,165	0,186	0,209	0,233	0,259	0,286	0,314	0,343	0,374	0,406	0,440	0,475
18	0,112	0,132	0,153	0,175	0,198	0,223	0,249	0,275	0,304	0,335	0,366	0,398	0,433	0,468	0,506
19	0,118	0,140	0,162	0,186	0,210	0,236	0,263	0,292	0,322	0,355	0,388	0,422	0,459	0,496	0,536
20	0,125	0,147	0,171	0,197	0,222	0,249	0,278	0,308	0,341	0,375	0,410	0,447	0,485	0,526	0,568
21	0,132	0,155	0,180	0,207	0,235	0,263	0,294	0,325	0,359	0,395	0,432	0,471	0,511	0,554	0,599
22	0,138	0,163	0,189	0,218	0,246	0,276	0,308	0,341	0,377	0,415	0,454	0,495	0,538	0,583	0,630
23	0,145	0,171	0,198	0,228	0,258	0,290	0,323	0,358	0,395	0,435	0,476	0,518	0,563	0,611	0,660
24	—	0,178	0,207	0,238	0,270	0,303	0,338	0,374	0,413	0,454	0,498	0,542	0,589	0,638	0,690
25	—	0,186	0,216	0,249	0,281	0,316	0,352	0,390	0,431	0,474	0,519	0,566	0,615	0,666	0,720
26	—	—	0,226	0,259	0,293	0,329	0,367	0,407	0,449	0,494	0,541	0,589	0,641	0,694	0,750
27	—	—	—	0,269	0,305	0,342	0,382	0,423	0,468	0,514	0,563	0,613	0,667	0,722	0,781
28	—	—	—	0,280	0,316	0,356	0,397	0,440	0,486	0,534	0,585	0,637	0,693	0,751	0,811
29	—	—	—	—	0,328	0,368	0,411	0,456	0,504	0,555	0,607	0,661	0,719	0,779	0,842
30	—	—	—	—	0,340	0,382	0,426	0,472	0,522	0,574	0,628	0,684	0,744	0,806	0,871
31	—	—	—	—	—	—	0,440	0,489	0,540	0,594	0,650	0,708	0,770	0,834	0,902
32	—	—	—	—	—	—	—	—	0,558	0,613	0,671	0,731	0,795	0,861	0,931
33	—	—	—	—	—	—	—	—	0,575	0,632	0,692	0,755	0,820	0,888	0,960
34	—	—	—	—	—	—	—	—	—	—	—	0,778	0,845	0,915	0,989
35	—	—	—	—	—	—	—	—	—	—	—	—	—	—	1,018
36	—	—	—	—	—	—	—	—	—	—	—	—	—	—	—
37	—	—	—	—	—	—	—	—	—	—	—	—	—	—	—
38	—	—	—	—	—	—	—	—	—	—	—	—	—	—	—

Tabelle I.

a) Derbholz-Massentafel.

Altersklasse über 100 Jahre.

Scheitelhöhe m	Durchmesser 1,3 m über dem Boden: cm														
	28	29	30	31	32	33	34	35	36	37	38	39	40	41	42
	Festmeter														
12	—	—	—	—	—	—	—	—	—	—	—	—	—	—	—
13	0,381	0,410	0,438	0,469	0,500	0,531	—	—	—	—	—	—	—	—	—
14	0,413	0,443	0,475	0,507	0,542	0,576	0,613	0,649	0,688	0,729	0,768	—	—	—	—
15	0,445	0,478	0,512	0,547	0,584	0,622	0,661	0,701	0,742	0,785	0,828	0,873	0,920	—	—
16	0,478	0,513	0,550	0,587	0,627	0,668	0,709	0,753	0,796	0,843	0,889	0,937	0,987	1,039	1,091
17	0,511	0,548	0,588	0,627	0,670	0,714	0,758	0,805	0,851	0,899	0,951	1,001	1,055	1,111	1,168
18	0,544	0,584	0,626	0,668	0,714	0,761	0,807	0,857	0,907	0,960	1,013	1,067	1,124	1,183	1,244
19	0,578	0,620	0,665	0,710	0,758	0,808	0,857	0,910	0,963	1,017	1,075	1,133	1,194	1,257	1,319
20	0,611	0,657	0,704	0,752	0,803	0,854	0,908	0,962	1,020	1,077	1,139	1,199	1,264	1,331	1,397
21	0,644	0,692	0,742	0,793	0,846	0,902	0,957	1,014	1,075	1,138	1,203	1,267	1,335	1,403	1,475
22	0,677	0,728	0,781	0,834	0,890	0,948	1,007	1,067	1,131	1,197	1,265	1,332	1,404	1,476	1,551
23	0,711	0,764	0,819	0,875	0,934	0,995	1,057	1,120	1,187	1,256	1,325	1,399	1,474	1,549	1,628
24	0,743	0,799	0,857	0,915	0,977	1,041	1,105	1,173	1,243	1,313	1,388	1,465	1,544	1,622	1,706
25	0,776	0,834	0,894	0,955	1,019	1,086	1,153	1,224	1,298	1,371	1,449	1,529	1,612	1,693	1,780
26	0,809	0,869	0,932	0,995	1,062	1,132	1,204	1,278	1,352	1,431	1,510	1,593	1,679	1,764	1,855
27	0,841	0,904	0,970	1,035	1,105	1,178	1,253	1,330	1,407	1,489	1,571	1,658	1,747	1,836	1,930
28	0,874	0,940	1,005	1,076	1,148	1,224	1,302	1,382	1,462	1,547	1,632	1,723	1,812	1,907	2,006
29	0,905	0,973	1,043	1,116	1,189	1,267	1,348	1,431	1,514	1,603	1,690	1,784	1,877	1,976	2,077
30	0,938	1,007	1,079	1,155	1,233	1,314	1,397	1,481	1,570	1,661	1,752	1,849	1,945	2,048	2,149
31	0,970	1,012	1,115	1,193	1,274	1,358	1,444	1,530	1,622	1,717	1,811	1,911	2,010	2,116	2,225
32	1,001	1,076	1,151	1,232	1,315	1,401	1,488	1,579	1,674	1,772	1,869	1,973	2,075	2,184	2,297
33	1,034	1,109	1,187	1,268	1,354	1,442	1,534	1,626	1,723	1,824	1,927	2,030	2,140	2,252	2,364
34	1,066	1,143	1,223	1,306	1,395	1,486	1,577	1,675	1,772	1,875	1,982	2,092	2,200	2,316	2,435
35	1,097	1,177	1,259	1,345	1,436	1,527	1,624	1,724	1,824	1,931	2,040	2,149	2,265	2,384	2,507
36	—	—	1,293	1,383	1,477	1,570	1,670	1,770	1,876	1,986	2,099	2,210	2,330	2,448	2,574
37	—	—	—	1,421	1,515	1,614	1,713	1,815	1,924	2,037	2,153	2,207	2,390	2,516	2,645
38	—	—	—	—	—	1,654	1,760	1,865	1,976	2,092	2,211	2,329	2,454	2,579	2,711

a) Derbholz-Massentafel.

Altersklasse über 100 Jahre.

Schafthöhe m	Durchmesser 1,3 m über dem Boden: cm														
	43	44	45	46	47	48	49	50	51	52	53	54	55	56	57
	Festmeter														
12	—	—	—	—	—	—	—	—	—	—	—	—	—	—	—
13	—	—	—	—	—	—	—	—	—	—	—	—	—	—	—
14	—	—	—	—	—	—	—	—	—	—	—	—	—	—	—
15	—	—	—	—	—	—	—	—	—	—	—	—	—	—	—
16	—	—	—	—	—	—	—	—	—	—	—	—	—	—	—
17	1,224	1,282	1,344	—	—	—	—	—	—	—	—	—	—	—	—
18	1,304	1,366	1,431	1,499	1,565	1,635	1,704	1,778	1,853	1,930	2,005	—	—	—	—
19	1,385	1,450	1,520	1,591	1,661	1,736	1,809	1,888	1,964	2,046	2,129	2,215	2,302	2,387	—
20	1,467	1,536	1,610	1,685	1,759	1,839	1,916	1,999	2,080	2,166	2,255	2,345	2,438	2,527	2,623
21	1,546	1,622	1,697	1,780	1,858	1,938	2,024	2,111	2,196	2,288	2,377	2,472	2,569	2,664	2,765
22	1,626	1,706	1,788	1,872	1,954	2,038	2,128	2,220	2,310	2,406	2,500	2,600	2,702	2,801	2,908
23	1,707	1,791	1,877	1,965	2,051	2,139	2,234	2,330	2,424	2,525	2,623	2,729	2,836	2,940	3,052
24	1,788	1,876	1,966	2,054	2,144	2,241	2,340	2,441	2,540	2,645	2,748	2,858	2,965	3,080	3,197
25	1,866	1,958	2,052	2,144	2,242	2,339	2,442	2,548	2,651	2,761	2,874	2,983	3,100	3,220	3,336
26	1,944	2,040	2,138	2,234	2,337	2,437	2,545	2,655	2,762	2,877	2,994	3,108	3,231	3,356	3,477
27	2,023	2,122	2,224	2,324	2,431	2,536	2,648	2,757	2,874	2,993	3,115	3,234	3,361	3,491	3,617
28	2,102	2,205	2,311	2,415	2,526	2,635	2,751	2,864	2,986	3,110	3,237	3,360	3,492	3,628	3,758
29	2,182	2,284	2,394	2,501	2,616	2,734	2,849	2,972	3,092	3,221	3,352	3,480	3,617	3,757	3,900
30	2,257	2,363	2,476	2,593	2,712	2,834	2,953	3,075	3,205	3,338	3,475	3,607	3,749	3,894	4,042
31	2,332	2,446	2,564	2,684	2,802	2,928	3,057	3,183	3,318	3,456	3,597	3,734	3,881	4,024	4,177
32	2,407	2,525	2,646	2,771	2,892	3,023	3,156	3,292	3,425	3,568	3,713	3,855	4,007	4,161	4,320
33	2,482	2,604	2,729	2,857	2,989	3,123	3,255	3,395	3,539	3,686	3,829	3,983	4,140	4,292	4,455
34	2,558	2,683	2,812	2,944	3,079	3,218	3,353	3,498	3,646	3,798	3,946	4,104	4,265	4,422	4,590
35	2,633	2,757	2,880	3,025	3,164	3,306	3,452	3,601	3,754	3,902	4,062	4,216	4,382	4,552	4,716
36	2,703	2,835	2,972	3,111	3,254	3,401	3,544	3,697	3,854	4,014	4,178	4,337	4,507	4,673	4,850
37	2,778	2,914	3,054	3,197	3,344	3,495	3,642	3,800	3,961	4,117	4,286	4,457	4,633	4,803	4,985
38	2,847	2,987	3,131	3,278	3,428	3,583	3,741	3,902	4,068	4,229	4,401	4,569	4,749	4,932	5,120

Buche.

Tabelle I.

a) Derbholz-Maſſentafel.

Altersklaſſe über 100 Jahre.

Schafthöhe m	Durchmeſſer 1,3 m über dem Boden: cm														
	58	59	60	61	62	63	64	65	66	67	68	69	70	71	72
	Feſtmeter														
12	—	—	—	—	—	—	—	—	—	—	—	—	—	—	—
13	—	—	—	—	—	—	—	—	—	—	—	—	—	—	—
14	—	—	—	—	—	—	—	—	—	—	—	—	—	—	—
15	—	—	—	—	—	—	—	—	—	—	—	—	—	—	—
16	—	—	—	—	—	—	—	—	—	—	—	—	—	—	—
17	—	—	—	—	—	—	—	—	—	—	—	—	—	—	—
18	—	—	—	—	—	—	—	—	—	—	—	—	—	—	—
19	—	—	—	—	—	—	—	—	—	—	—	—	—	—	—
20	2,716	2,816	2,918	3,016	3,122	3,223	3,326	3,438	3,544	3,653	3,762	3,874	3,995	4,110	4,226
21	2,863	2,968	3,076	3,179	3,290	3,397	3,506	3,624	3,736	3,857	3,973	4,091	4,219	4,340	4,463
22	3,011	3,122	3,235	3,343	3,460	3,573	3,687	3,811	3,929	4,057	4,179	4,302	4,436	4,564	4,694
23	3,160	3,276	3,395	3,509	3,632	3,750	3,870	3,999	4,123	4,257	4,385	4,515	4,656	4,790	4,926
24	3,310	3,432	3,556	3,675	3,804	3,928	4,053	4,180	4,319	4,459	4,593	4,729	4,877	5,017	5,159
25	3,461	3,588	3,711	3,843	3,970	4,107	4,238	4,380	4,516	4,663	4,803	4,945	5,099	5,246	5,395
26	3,606	3,730	3,867	4,004	4,137	4,279	4,416	4,564	4,706	4,858	5,004	5,153	5,313	5,466	5,621
27	3,752	3,890	4,023	4,166	4,304	4,452	4,595	4,748	4,896	5,055	5,207	5,361	5,528	5,687	5,848
28	3,899	4,042	4,180	4,329	4,472	4,626	4,774	4,934	5,087	5,252	5,410	5,570	5,743	5,909	6,076
29	4,046	4,186	4,329	4,483	4,632	4,791	4,945	5,110	5,268	5,439	5,614	5,780	5,949	6,120	6,305
30	4,193	4,339	4,487	4,647	4,800	4,966	5,125	5,286	5,460	5,638	5,807	5,979	6,165	6,343	6,523
31	4,333	4,483	4,645	4,802	4,970	5,131	5,296	5,473	5,642	5,825	6,001	6,178	6,371	6,554	6,753
32	4,481	4,637	4,795	4,957	5,130	5,307	5,477	5,649	5,835	6,013	6,206	6,390	6,589	6,778	6,970
33	4,621	4,791	4,954	5,121	5,300	3,473	5,648	5,837	6,018	6,213	6,400	6,602	6,794	6,990	7,202
34	4,761	4,936	5,105	5,276	5,461	5,638	5,830	6,013	6,212	6,401	6,594	6,802	7,000	7,215	7,420
35	4,901	5,072	5,255	5,431	5,621	5,804	6,001	6,190	6,394	6,589	6,788	7,002	7,206	7,427	7,638
36	5,041	5,216	5,405	5,587	5,771	5,959	6,161	6,355	6,565	6,778	6,982	7,188	7,412	7,625	7,842
37	5,171	5,351	5,545	5,731	5,932	6,124	6,332	6,532	6,747	6,953	7,162	7,388	7,604	7,837	8,060
38	5,311	5,496	5,694	5,886	6,092	6,290	6,503	6,708	6,929	7,141	7,356	7,588	7,809	8,049	8,277

Tabelle II.

b) Baum-Massentafel für alle Altersklassen.

Scheitelhöhe m	Durchmesser 1,3 m über dem Boden: cm													
	5	6	7	8	9	10	11	12	13	14	15	16	17	18
	Festmeter													
9	0,012	0,017	0,024	0,031	0,040	0,050	0,061	0,075	0,089	0,105	0,124	0,144	—	—
10	0,013	0,019	0,025	0,033	0,042	0,053	0,065	0,079	0,093	0,110	0,130	0,149	0,172	—
11	—	0,020	0,027	0,035	0,045	0,056	0,068	0,082	0,098	0,116	0,135	0,155	0,178	—
12	—	0,022	0,029	0,037	0,047	0,059	0,071	0,086	0,102	0,121	0,141	0,162	0,184	0,208
13	—	0,023	0,031	0,040	0,050	0,062	0,075	0,091	0,107	0,126	0,146	0,169	0,193	0,217
14	—	0,024	0,032	0,042	0,053	0,065	0,079	0,095	0,112	0,131	0,153	0,175	0,201	0,227
15	—	0,025	0,034	0,044	0,056	0,069	0,083	0,099	0,117	0,138	0,159	0,183	0,209	0,236
16	—	0,027	0,036	0,047	0,059	0,072	0,087	0,104	0,123	0,143	0,166	0,191	0,218	0,246
17	—	—	0,038	0,049	0,062	0,076	0,091	0,108	0,128	0,150	0,173	0,199	0,227	0,256
18	—	—	0,040	0,052	0,065	0,080	0,096	0,114	0,134	0,156	0,180	0,207	0,235	0,266
19	—	—	—	0,054	0,068	0,083	0,100	0,119	0,140	0,163	0,188	0,215	0,245	0,276
20	—	—	—	—	0,071	0,087	0,105	0,124	0,146	0,170	0,196	0,224	0,255	0,287
21	—	—	—	—	—	0,091	0,109	0,130	0,153	0,177	0,204	0,234	0,265	0,298
22	—	—	—	—	—	—	0,114	0,135	0,159	0,185	0,213	0,243	0,276	0,310
23	—	—	—	—	—	—	—	0,141	0,165	0,193	0,221	0,253	0,287	0,323
24	—	—	—	—	—	—	—	0,146	0,172	0,200	0,230	0,262	0,297	0,335
25	—	—	—	—	—	—	—	—	0,179	0,208	0,239	0,272	0,308	0,347
26	—	—	—	—	—	—	—	—	—	—	0,247	0,282	0,319	0,359
27	—	—	—	—	—	—	—	—	—	—	—	—	0,330	0,372
28	—	—	—	—	—	—	—	—	—	—	—	—	0,342	0,384
29	—	—	—	—	—	—	—	—	—	—	—	—	—	0,396
30	—	—	—	—	—	—	—	—	—	—	—	—	—	—
31	—	—	—	—	—	—	—	—	—	—	—	—	—	—
32	—	—	—	—	—	—	—	—	—	—	—	—	—	—
33	—	—	—	—	—	—	—	—	—	—	—	—	—	—
34	—	—	—	—	—	—	—	—	—	—	—	—	—	—
35	—	—	—	—	—	—	—	—	—	—	—	—	—	—
36	—	—	—	—	—	—	—	—	—	—	—	—	—	—
37	—	—	—	—	—	—	—	—	—	—	—	—	—	—
38	—	—	—	—	—	—	—	—	—	—	—	—	—	—
39	—	—	—	—	—	—	—	—	—	—	—	—	—	—

Tabelle II.

b) Baum-Massentafel für alle Altersklassen.

Scheitelhöhe	Durchmesser 1.3 m über dem Boden: cm													
	19	20	21	22	23	24	25	26	27	28	29	30	31	32
m	Festmeter													
9	—	—	—	—	—	—	—	—	—	—	—	—	—	—
10	—	—	—	—	—	—	—	—	—	—	—	—	—	—
11	—	—	—	—	—	—	—	—	—	—	—	—	—	—
12	0,232	0,261	0,288	0,315	0,344	0,374	—	—	—	—	—	—	—	—
13	0,244	0,271	0,299	0,329	0,360	0,391	—	—	—	—	—	—	—	—
14	0,254	0,282	0,312	0,343	0,376	0,409	0,444	0,480	0,516	0,555	0,596	0,638	—	—
15	0,265	0,295	0,327	0,359	0,393	0,428	0,465	0,503	0,542	0,583	0,627	0,672	0,717	0,765
16	0,276	0,308	0,341	0,375	0,410	0,447	0,487	0,528	0,570	0,613	0,659	0,706	0,754	0,804
17	0,287	0,320	0,354	0,390	0,429	0,468	0,510	0,553	0,599	0,645	0,693	0,741	0,792	0,844
18	0,298	0,332	0,368	0,405	0,446	0,489	0,533	0,578	0,626	0,675	0,725	0,777	0,830	0,884
19	0,310	0,345	0,382	0,422	0,463	0,509	0,555	0,603	0,653	0,704	0,757	0,813	0,869	0,926
20	0,322	0,358	0,397	0,438	0,482	0,529	0,577	0,628	0,680	0,734	0,789	0,845	0,904	0,963
21	0,334	0,373	0,413	0,456	0,501	0,549	0,600	0,652	0,707	0,764	0,821	0,880	0,941	1,003
22	0,347	0,387	0,429	0,473	0,520	0,570	0,623	0,677	0,734	0,792	0,853	0,914	0,978	1,044
23	0,361	0,402	0,445	0,491	0,540	0,592	0,646	0,703	0,762	0,823	0,886	0,949	1,016	1,084
24	0,374	0,416	0,461	0,509	0,560	0,613	0,670	0,728	0,789	0,851	0,916	0,984	1,054	1,123
25	0,388	0,431	0,477	0,526	0,579	0,634	0,693	0,754	0,816	0,882	0,949	1,020	1,091	1,164
26	0,401	0,446	0,493	0,544	0,597	0,655	0,715	0,779	0,844	0,911	0,982	1,055	1,128	1,204
27	0,415	0,461	0,510	0,561	0,617	0,675	0,738	0,803	0,870	0,941	1,013	1,088	1,166	1,244
28	0,429	0,477	0,527	0,580	0,636	0,695	0,760	0,827	0,896	0,969	1,045	1,124	1,205	1,286
29	0,442	0,492	0,543	0,599	0,657	0,716	0,782	0,850	0,923	0,998	1,077	1,158	1,241	1,327
30	0,456	0,507	0,560	0,617	0,677	0,738	0,804	0,874	0,950	1,027	1,108	1,192	1,279	1,368
31	0,470	0,522	0,577	0,635	0,697	0,760	0,828	0,899	0,974	1,054	1,136	1,225	1,315	1,406
32	—	0,537	0,594	0,653	0,717	0,782	0,850	0,924	1,000	1,082	1,167	1,258	1,350	1,446
33	—	—	0,610	0,671	0,736	0,803	0,875	0,950	1,028	1,109	1,197	1,290	1,385	1,484
34	—	—	—	—	0,756	0,826	0,898	0,975	1,035	1,139	1,228	1,322	1,419	1,520
35	—	—	—	—	—	0,847	0,923	1,000	1,082	1,168	1,260	1,353	1,453	1,557
36	—	—	—	—	—	0,870	0,945	1,024	1,109	1,197	1,291	1,387	1,489	1,592
37	—	—	—	—	—	—	—	—	—	—	—	—	1,525	1,631
38	—	—	—	—	—	—	—	—	—	—	—	—	—	1,669
39	—	—	—	—	—	—	—	—	—	—	—	—	—	—

b) Baum-Massentafel für alle Altersklassen.

Scheitelhöhe m	Durchmesser 1,3 m über dem Boden: cm													
	33	34	35	36	37	38	39	40	41	42	43	44	45	46
	Festmeter													
9	—	—	—	—	—	—	—	—	—	—	—	—	—	—
10	—	—	—	—	—	—	—	—	—	—	—	—	—	—
11	—	—	—	—	—	—	—	—	—	—	—	—	—	—
12	—	—	—	—	—	—	—	—	—	—	—	—	—	—
13	—	—	—	—	—	—	—	—	—	—	—	—	—	—
14	—	—	—	—	—	—	—	—	—	—	—	—	—	—
15	0,814	0,864	0,916	0,964	1,014	1,065	1,120	1,180	1,243	1,310	—	—	—	—
16	0,855	0,90S	0,963	1,015	1,068	1,123	1,183	1,247	1,314	1,384	1,457	1,532	1,608	—
17	0,897	0,952	1,010	1,066	1,123	1,183	1,247	1,314	1,384	1,458	1,534	1,613	1,693	1,772
18	0,941	0,999	1,058	1,118	1,179	1,242	1,310	1,381	1,455	1,533	1,612	1,694	1,778	1,859
19	0,983	1,044	1,106	1,168	1,234	1,301	1,374	1,449	1,526	1,607	1,691	1,774	1,861	1,947
20	1,026	1,089	1,155	1,221	1,290	1,363	1,438	1,516	1,597	1,681	1,769	1,857	1,947	2,035
21	1,069	1,134	1,202	1,274	1,348	1,427	1,503	1,583	1,666	1,751	1,843	1,936	2,030	2,123
22	1,110	1,178	1,253	1,328	1,407	1,487	1,569	1,653	1,740	1,829	1,920	2,014	2,111	2,211
23	1,153	1,226	1,303	1,381	1,464	1,547	1,632	1,720	1,813	1,906	2,001	2,098	2,198	2,301
24	1,197	1,273	1,353	1,436	1,522	1,609	1,697	1,788	1,882	1,982	2,081	2,182	2,286	2,393
25	1,240	1,321	1,405	1,491	1,578	1,670	1,762	1,857	1,954	2,057	2,160	2,266	2,374	2,485
26	1,285	1,369	1,456	1,543	1,635	1,731	1,826	1,924	2,029	2,133	2,239	2,348	2,460	2,575
27	1,328	1,414	1,504	1,597	1,690	1,788	1,890	1,992	2,100	2,207	2,317	2,430	2,546	2,665
28	1,372	1,462	1,554	1,647	1,746	1,848	1,953	2,058	2,170	2,281	2,395	2,512	2,632	2,755
29	1,416	1,509	1,602	1,700	1,802	1,906	2,016	2,125	2,236	2,354	2,472	2,593	2,717	2,844
30	1,460	1,555	1,651	1,753	1,858	1,963	2,075	2,190	2,305	2,427	2,549	2,678	2,801	2,932
31	1,501	1,599	1,708	1,805	1,913	2,022	2,137	2,256	2,374	2,500	2,625	2,757	2,889	3,024
32	1,544	1,644	1,749	1,857	1,963	2,083	2,198	2,320	2,446	2,571	2,700	2,832	2,972	3,111
33	1,586	1,690	1,797	1,908	2,022	2,141	2,259	2,384	2,514	2,647	2,775	2,915	3,055	3,197
34	1,626	1,735	1,845	1,959	2,073	2,194	2,319	2,448	2,581	2,718	2,849	2,993	3,136	3,289
35	1,664	1,776	1,892	2,009	2,126	2,251	2,379	2,511	2,648	2,788	2,923	3,065	3,217	3,374
36	1,703	1,817	1,936	2,056	2,179	2,307	2,438	2,574	2,714	2,853	2,996	3,147	3,298	3,458
37	1,744	1,858	1,979	2,105	2,232	2,362	2,497	2,636	2,780	2,927	3,073	3,224	3,384	3,542
38	1,784	1,901	2,022	2,151	2,284	2,418	2,556	2,698	2,845	2,996	3,145	3,305	3,463	3,625
39	—	—	—	—	—	—	2,614	2,759	2,909	3,064	3,217	3,380	3,542	3,714

Tabelle II.

b) Baum=Massentafel für alle Altersklassen.

Scheitelhöhe	Durchmesser 1,3 m über dem Boden: cm													
	47	48	49	50	51	52	53	54	55	56	57	58	59	60
m	Festmeter													
9	—	—	—	—	—	—	—	—	—	—	—	—	—	—
10	—	—	—	—	—	—	—	—	—	—	—	—	—	—
11	—	—	—	—	—	—	—	—	—	—	—	—	—	—
12	—	—	—	—	—	—	—	—	—	—	—	—	—	—
13	—	—	—	—	—	—	—	—	—	—	—	—	—	—
14	—	—	—	—	—	—	—	—	—	—	—	—	—	—
15	—	—	—	—	—	—	—	—	—	—	—	—	—	—
16	—	—	—	—	—	—	—	—	—	—	—	—	—	—
17	1,852	1,933	2,017	2,100	—	—	—	—	—	—	—	—	—	—
18	1,943	2,030	2,119	2,207	—	—	—	—	—	—	—	—	—	—
19	2,036	2,126	2,220	2,313	2,411	2,514	2,617	—	—	—	—	—	—	—
20	2,130	2,224	2,321	2,419	2,522	2,629	2,736	2,842	2,052	—	—	—	—	—
21	2,221	2,321	2,423	2,525	2,634	2,743	2,855	2,967	3,082	—	—	—	—	—
22	2,314	2,417	2,524	2,631	2,744	2,859	2,976	3,093	3,211	3,332	3,449	3,574	3,703	3,833
23	2,406	2,514	2,624	2,737	2,852	2,965	3,085	3,203	3,328	3,456	3,586	3,713	3,849	3,991
24	2,503	2,614	2,729	2,846	2,966	3,089	3,214	3,336	3,467	3,594	3,730	3,868	4,003	4,146
25	2,598	2,714	2,833	2,955	3,080	3,209	3,337	3,470	3,605	3,738	3,872	4,016	4,162	4,305
26	2,608	2,813	2,937	3,063	3,192	3,324	3,459	3,597	3,737	3,881	4,021	4,170	4,315	4,470
27	2,792	2,917	3,045	3,170	3,304	3,440	3,580	3,723	3,868	4,017	4,168	4,316	4,473	4,634
28	2,881	3,015	3,147	3,282	3,421	3,556	3,700	3,848	3,998	4,152	4,308	4,468	4,631	4,790
29	2,973	3,112	3,248	3,388	3,531	3,677	3,826	3,972	4,127	4,286	4,447	4,613	4,781	4,953
30	3,071	3,208	3,349	3,493	3,640	3,791	3,945	4,102	4,262	4,419	4,586	4,756	4,929	5,106
31	3,162	3,304	3,455	3,597	3,749	3,904	4,069	4,231	4,397	4,558	4,730	4,906	5,077	5,259
32	3,259	3,399	3,554	3,707	3,863	4,016	4,186	4,353	4,524	4,697	4,875	5,056	5,232	5,420
33	3,349	3,499	3,653	3,810	3,971	4,135	4,303	4,474	4,649	4,828	5,019	5,196	5,386	5,580
34	3,439	3,593	3,751	3,919	4,077	4,253	4,426	4,602	4,774	4,958	5,154	5,336	5,531	5,730
35	3,528	3,686	3,854	4,020	4,190	4,363	4,540	4,721	4,906	5,095	5,287	5,484	5,684	5,888
36	3,616	3,785	3,951	4,121	4,295	4,473	4,662	4,840	5,038	5,231	5,429	5,621	5,827	6,036
37	3,704	3,877	4,047	4,228	4,399	4,589	4,775	4,966	5,160	5,359	5,561	5,768	5,978	6,183
38	3,791	3,968	4,142	4,328	4,510	4,697	4,888	5,091	5,201	5,494	5,692	5,903	6,119	6,339
39	3,884	4,058	4,236	4,426	4,621	4,812	5,008	5,207	5,411	5,619	5,832	6,049	6,270	6,495

b) **Baum-Massentafel für alle Altersklassen.**

Schettelhöhe	Durchmesser 1,3 m über dem Boden: cm											
	61	62	63	64	65	66	67	68	69	70	71	72
m	Festmeter											
9	—	—	—	—	—	—	—	—	—	—	—	—
10	—	—	—	—	—	—	—	—	—	—	—	—
11	—	—	—	—	—	—	—	—	—	—	—	—
12	—	—	—	—	—	—	—	—	—	—	—	—
13	—	—	—	—	—	—	—	—	—	—	—	—
14	—	—	—	—	—	—	—	—	—	—	—	—
15	—	—	—	—	—	—	—	—	—	—	—	—
16	—	—	—	—	—	—	—	—	—	—	—	—
17	—	—	—	—	—	—	—	—	—	—	—	—
18	—	—	—	—	—	—	—	—	—	—	—	—
19	—	—	—	—	—	—	—	—	—	—	—	—
20	—	—	—	—	—	—	—	—	—	—	—	—
21	—	—	—	—	—	—	—	—	—	—	—	—
22	—	—	—	—	—	—	—	—	—	—	—	—
23	4,129	4,272	4,420	4,569	4,717	4,861	5,024	5,196	5,351	5,510	5,668	5,835
24	4,291	4,441	4,593	4,747	4,901	5,051	5,220	5,397	5,558	5,727	5,889	6,063
25	4,457	4,612	4,762	4,928	5,085	5,244	5,421	5,599	5,767	5,944	6,112	6,294
26	4,620	4,780	4,944	5,102	5,271	5,438	5,616	5,800	5,980	6,160	6,339	6,522
27	4,790	4,956	5,117	5,290	5,456	5,635	5,816	5,991	6,181	6,376	6,562	6,749
28	4,959	5,131	5,298	5,477	5,649	5,834	6,012	6,203	6,387	6,584	6,788	6,984
29	5,119	5,297	5,478	5,663	5,841	6,032	6,216	6,403	6,604	6,808	7,004	7,214
30	5,287	5,471	5,648	5,839	6,033	6,230	6,420	6,613	6,820	7,020	7,233	7,439
31	5,445	5,634	5,827	6,024	6,213	6,416	6,623	6,822	7,036	7,242	7,462	7,674
32	5,611	5,797	5,995	6,197	6,403	6,612	6,814	7,031	7,251	7,463	7,690	7,908
33	5,767	5,968	6,172	6,370	6,581	6,797	7,016	7,227	7,453	7,683	7,918	8,142
34	5,932	6,138	6,338	6,552	6,769	6,979	7,204	7,433	7,666	7,890	8,131	8,375
35	6,096	6,308	6,514	6,733	6,945	7,173	7,404	7,639	7,866	8,109	8,356	8,593
36	6,249	6,467	6,688	6,914	7,132	7,365	7,603	7,831	8,077	8,326	8,566	8,824
37	6,401	6,624	6,851	7,082	7,318	7,557	7,801	8,035	8,287	8,529	8,789	9,054
38	6,563	6,792	7,024	7,261	7,503	7,735	7,985	8,239	8,497	8,745	9,012	9,268
39	6,725	6,959	7,185	7,427	7,674	7,926	8,181	8,442	8,692	8,960	9,234	9,496

2. Fichte

bearbeitet

von

Professor Dr. **von Baur.**

———

Tabelle III.

a) Derbholz-Massentafel.

Altersklasse 21 bis 60 Jahre.

Scheitelhöhe	Durchmesser des berindeten Stammes in 1,3 m Meßhöhe: cm												
	8	10	12	14	16	18	20	22	24	26	28	30	32
m	Festmeter												
6	0,006	0,016	—	—	—	—	—	—	—	—	—	—	—
7	0,008	0,020	0,034	—	—	—	—	—	—	—	—	—	—
8	0,010	0,024	0,040	0,057	—	—	—	—	—	—	—	—	—
9	0,012	0,028	0,046	0,065	—	—	—	—	—	—	—	—	—
10	0,015	0,032	0,052	0,073	0,095	0,120	—	—	—	—	—	—	—
11	0,018	0,036	0,058	0,081	0,106	0,133	0,162	—	—	—	—	—	—
12	0,021	0,041	0,064	0,089	0,117	0,147	0,179	—	—	—	—	—	—
13	0,024	0,045	0,070	0,098	0,128	0,162	0,196	0,223	—	—	—	—	—
14	0,027	0,049	0,076	0,107	0,139	0,176	0,213	0,254	0,295	0,335	—	—	—
15	0,030	0,053	0,082	0,115	0,150	0,189	0,230	0,275	0,319	0,364	—	—	—
16	—	0,058	0,088	0,123	0,161	0,202	0,248	0,296	0,344	0,393	0,441	0,489	—
17	—	0,062	0,094	0,131	0,172	0,216	0,266	0,317	0,369	0,422	0,476	0,529	—
18	—	0,066	0,100	0,140	0,184	0,231	0,284	0,338	0,395	0,452	0,511	0,569	0,628
19	—	0,070	0,106	0,148	0,195	0,245	0,301	0,359	0,420	0,482	0,545	0,609	0,674
20	—	0,075	0,113	0,157	0,206	0,260	0,318	0,380	0,445	0,512	0,579	0,649	0,720
21	—	—	0,119	0,165	0,217	0,274	0,335	0,401	0,470	0,541	0,614	0,690	0,766
22	—	—	0,125	0,174	0,229	0,288	0,353	0,423	0,495	0,571	0,650	0,731	0,812
23	—	—	—	0,183	0,240	0,302	0,371	0,444	0,520	0,601	0,686	0,771	0,858
24	—	—	—	0,192	0,251	0,317	0,389	0,465	0,545	0,631	0,721	0,811	0,904
25	—	—	—	—	0,262	0,331	0,406	0,486	0,570	0,661	0,756	0,851	0,949
26	—	—	—	—	0,273	0,345	0,424	0,507	0,595	0,691	0,790	0,891	0,993
27	—	—	—	—	—	—	0,441	0,527	0,629	0,720	0,825	0,930	1,036
28	—	—	—	—	—	—	0,458	0,548	0,644	0,749	0,859	0,968	1,078
29	—	—	—	—	—	—	—	0,569	0,669	0,777	0,892	1,004	1,119
30	—	—	—	—	—	—	—	—	—	0,804	0,924	1,039	1,158
31	—	—	—	—	—	—	—	—	—	—	0,954	1,074	1,197

Tabelle III.

a) Derbholz-Massentafel.
Altersklasse 61 bis 100 Jahre.

Scheitelhöhe m	Durchmesser des berindeten Stammes in 1,3 m Meßhöhe: cm													
	12	14	16	18	20	22	24	26	28	30	32	34	36	38
	Festmeter													
12	0,066	0,094	0,124	—	—	—	—	—	—	—	—	—	—	—
13	0,072	0,102	0,134	0,170	—	—	—	—	—	—	—	—	—	—
14	0,079	0,110	0,144	0,183	0,222	0,266	0,313	—	—	—	—	—	—	—
15	0,085	0,118	0,154	0,196	0,238	0,285	0,336	0,394	0,454	—	—	—	—	—
16	0,091	0,126	0,163	0,209	0,255	0,305	0,360	0,420	0,484	0,547	—	—	—	—
17	0,097	0,134	0,175	0,222	0,271	0,324	0,383	0,446	0,513	0,582	0,653	—	—	—
18	0,103	0,142	0,186	0,235	0,287	0,344	0,406	0,473	0,543	0,616	0,691	0,773	—	—
19	0,109	0,149	0,196	0,248	0,303	0,363	0,429	0,500	0,573	0,649	0,729	0,815	0,904	0,998
20	0,114	0,157	0,206	0,261	0,318	0,383	0,451	0,526	0,603	0,682	0,767	0,858	0,951	1,050
21	0,120	0,165	0,216	0,274	0,334	0,402	0,474	0,552	0,633	0,716	0,805	0,901	0,998	1,102
22	0,125	0,173	0,226	0,287	0,350	0,420	0,496	0,578	0,664	0,751	0,844	0,945	1,046	1,155
23	—	0,181	0,237	0,300	0,366	0,439	0,519	0,604	0,694	0,785	0,882	0,986	1,093	1,206
24	—	0,189	0,247	0,313	0,381	0,458	0,541	0,629	0,723	0,819	0,921	1,028	1,141	1,257
25	—	—	0,257	0,326	0,397	0,477	0,564	0,655	0,753	0,854	0,959	1,071	1,188	1,309
26	—	—	0,267	0,339	0,413	0,496	0,586	0,682	0,783	0,888	0,997	1,114	1,236	1,362
27	—	—	—	0,352	0,429	0,515	0,609	0,708	0,813	0,922	1,035	1,157	1,283	1,414
28	—	—	—	0,365	0,445	0,534	0,631	0,734	0,843	0,956	1,074	1,200	1,331	1,467
29	—	—	—	0,378	0,461	0,553	0,653	0,760	0,873	0,990	1,112	1,243	1,378	1,519
30	—	—	—	—	—	0,572	0,674	0,785	0,903	1,024	1,150	1,285	1,426	1,572
31	—	—	—	—	—	—	0,696	0,811	0,933	1,057	1,188	1,327	1,473	1,624
32	—	—	—	—	—	—	0,719	0,838	0,963	1,090	1,225	1,368	1,521	1,677
33	—	—	—	—	—	—	—	0,863	0,993	1,123	1,262	1,410	1,567	1,729
34	—	—	—	—	—	—	—	0,888	1,024	1,156	1,299	1,451	1,611	1,781
35	—	—	—	—	—	—	—	—	—	1,189	1,337	1,492	1,659	1,832
36	—	—	—	—	—	—	—	—	—	1,221	1,375	1,533	1,704	1,882
37	—	—	—	—	—	—	—	—	—	—	—	—	1,751	1,933
38	—	—	—	—	—	—	—	—	—	—	—	—	1,798	1,986
39	—	—	—	—	—	—	—	—	—	—	—	—	—	2,036
40	—	—	—	—	—	—	—	—	—	—	—	—	—	2,086
41	—	—	—	—	—	—	—	—	—	—	—	—	—	—
42	—	—	—	—	—	—	—	—	—	—	—	—	—	—

Tabelle III.

a) Derbholz-Maſſentafel.
Altersklaſſe 61 bis 100 Jahre.

Scheitelhöhe m	Durchmeſſer des berindeten Stammes in 1,3 m Meßhöhe: cm													
	40	42	44	46	48	50	52	54	56	58	60	62	64	66
	Feſtmeter													
12	—	—	—	—	—	—	—	—	—	—	—	—	—	—
13	—	—	—	—	—	—	—	—	—	—	—	—	—	—
14	—	—	—	—	—	—	—	—	—	—	—	—	—	—
15	—	—	—	—	—	—	—	—	—	—	—	—	—	—
16	—	—	—	—	—	—	—	—	—	—	—	—	—	—
17	—	—	—	—	—	—	—	—	—	—	—	—	—	—
18	—	—	—	—	—	—	—	—	—	—	—	—	—	—
19	1,095	—	—	—	—	—	—	—	—	—	—	—	—	—
20	1,151	—	—	—	—	—	—	—	—	—	—	—	—	—
21	1,207	1,313	1,420	—	—	—	—	—	—	—	—	—	—	—
22	1,263	1,374	1,488	—	—	—	—	—	—	—	—	—	—	—
23	1,319	1,435	1,556	1,675	—	—	—	—	—	—	—	—	—	—
24	1,375	1,496	1,624	1,747	—	—	—	—	—	—	—	—	—	—
25	1,432	1,558	1,692	1,819	1,951	—	—	—	—	—	—	—	—	—
26	1,490	1,621	1,759	1,892	2,030	2,180	—	—	—	—	—	—	—	—
27	1,547	1,683	1,827	1,965	2,109	2,261	2,414	2,566	2,726	—	—	—	—	—
28	1,604	1,745	1,894	2,038	2,189	2,342	2,503	2,661	2,827	—	—	—	—	—
29	1,662	1,807	1,962	2,110	2,267	2,425	2,592	2,756	2,928	3,103	—	—	—	—
30	1,719	1,870	2,030	2,183	2,345	2,509	2,682	2,851	3,029	3,210	—	—	—	—
31	1,775	1,932	2,097	2,256	2,423	2,592	2,771	2,946	3,126	3,317	3,489	—	—	—
32	1,830	1,995	2,165	2,329	2,501	2,676	2,861	3,040	3,223	3,424	3,601	—	—	—
33	1,887	2,057	2,233	2,402	2,579	2,759	2,946	3,135	3,324	3,531	3,713	—	—	—
34	1,944	2,119	2,301	2,475	2,658	2,843	3,032	3,231	3,425	3,638	3,826	4,032	—	—
35	2,001	2,182	2,368	2,547	2,736	2,926	3,121	3,326	3,526	3,745	3,937	4,152	—	—
36	2,058	2,245	2,435	2,620	2,814	3,010	3,211	3,421	3,626	3,851	4,048	4,272	4,493	4,715
37	2,115	2,307	2,503	2,693	2,892	3,094	3,300	3,516	3,727	3,957	4,161	4,390	4,617	4,847
38	2,173	2,369	2,571	2,766	2,970	3,178	3,389	3,612	3,828	4,065	4,274	4,508	4,741	4,979
39	2,230	2,431	2,638	2,839	3,045	3,258	3,478	3,702	3,929	4,173	4,387	4,625	4,867	5,109
40	2,287	2,494	2,706	2,905	3,120	3,338	3,567	3,792	4,020	4,281	4,500	4,743	4,993	5,239
41	—	2,556	2,774	2,977	3,198	3,421	3,656	3,887	4,121	4,388	4,613	4,863	5,117	5,371
42	—	2,619	2,842	3,050	3,276	3,504	3,746	3,982	4,219	4,495	4,725	4,983	5,241	5,504

a) Derbholz-Massentafel.

Tabelle III.

Altersklasse über 100 Jahre.

Durchmesser des berindeten Stammes in 1,3 m Meßhöhe: cm

	18	20	22	24	26	28	30	32	34	36	38	40	42	44	46	48
							Festmeter									
56	0,190	—	—	—	—	—	—	—	—	—	—	—	—	—	—	—
69	0,206	0,247	—	—	—	—	—	—	—	—	—	—	—	—	—	—
82	0,222	0,266	0,313	0,364	—	—	—	—	—	—	—	—	—	—	—	—
95	0,238	0,285	0,335	0,390	0,448	—	—	—	—	—	—	—	—	—	—	—
08	0,254	0,304	0,358	0,416	0,478	0,542	0,610	0,681	—	—	—	—	—	—	—	—
20	0,270	0,323	0,380	0,442	0,506	0,576	0,648	0,723	0,803	—	—	—	—	—	—	—
33	0,286	0,342	0,403	0,468	0,538	0,610	0,686	0,766	0,850	0,937	—	—	—	—	—	—
46	0,301	0,361	0,425	0,494	0,568	0,644	0,724	0,809	0,897	0,989	1,084	—	—	—	—	—
59	0,317	0,380	0,448	0,520	0,597	0,677	0,762	0,852	0,944	1,041	1,141	1,241	—	—	—	—
72	0,333	0,399	0,470	0,546	0,627	0,711	0,800	0,894	0,991	1,093	1,198	1,303	1,415	1,528	—	—
85	0,349	0,418	0,493	0,572	0,657	0,745	0,838	0,937	1,039	1,145	1,255	1,365	1,482	1,601	1,723	—
98	0,365	0,437	0,515	0,598	0,687	0,779	0,876	0,979	1,086	1,197	1,312	1,427	1,549	1,673	1,801	—
11	0,381	0,456	0,537	0,624	0,717	0,813	0,915	1,022	1,133	1,249	1,369	1,490	1,616	1,746	1,880	—
24	0,396	0,475	0,559	0,650	0,747	0,847	0,953	1,064	1,180	1,301	1,426	1,552	1,683	1,819	1,938	—
37	0,412	0,494	0,582	0,676	0,777	0,881	0,991	1,107	1,228	1,353	1,483	1,614	1,751	1,892	2,037	—
50	0,428	0,513	0,604	0,702	0,807	0,915	1,029	1,149	1,275	1,405	1,540	1,676	1,818	1,965	2,115	—
63	0,444	0,532	0,627	0,728	0,836	0,948	1,067	1,192	1,322	1,457	1,597	1,738	1,886	2,039	2,194	—
76	0,460	0,551	0,649	0,754	0,866	0,982	1,105	1,234	1,369	1,509	1,654	1,800	1,953	2,111	2,272	—
—	0,476	0,570	0,672	0,780	0,896	1,016	1,143	1,277	1,417	1,562	1,711	1,862	2,021	2,184	2,351	—
—	0,492	0,589	0,694	0,806	0,926	1,050	1,181	1,319	1,464	1,614	1,768	1,924	2,088	2,256	2,429	—
—	0,508	0,608	0,717	0,832	0,956	1,083	1,220	1,362	1,511	1,666	1,826	1,986	2,155	2,329	2,508	—
—	—	0,627	0,739	0,858	0,986	1,117	1,258	1,405	1,558	1,718	1,883	2,048	2,222	2,402	2,586	—
—	—	0,646	0,762	0,884	1,016	1,151	1,296	1,447	1,606	1,770	1,940	2,102	2,290	2,475	2,664	—
—	—	—	0,784	0,910	1,046	1,185	1,334	1,490	1,653	1,822	1,997	2,172	2,357	2,547	2,742	—
—	—	—	—	0,936	1,076	1,219	1,372	1,533	1,700	1,874	2,054	2,234	2,425	2,620	2,821	—
—	—	—	—	—	1,106	1,253	1,410	1,576	1,747	1,926	2,111	2,296	2,492	2,693	2,899	—
—	—	—	—	—	—	1,287	1,448	1,618	1,795	1,978	2,168	2,358	2,560	2,766	2,977	—
—	—	—	—	—	—	—	—	1,661	1,842	2,030	2,225	2,420	2,627	2,838	3,035	—
—	—	—	—	—	—	—	—	—	1,889	2,082	2,282	2,483	2,694	2,911	3,134	—
—	—	—	—	—	—	—	—	—	—	2,134	2,339	2,545	2,761	2,984	3,212	—
—	—	—	—	—	—	—	—	—	—	2,186	2,396	2,607	2,829	3,057	3,291	—
—	—	—	—	—	—	—	—	—	—	—	—	—	—	—	—	3,369
—	—	—	—	—	—	—	—	—	—	—	—	—	—	—	—	3,448

Tabelle III.

a) Derbholz-Massentafel.
Altersklasse über 100 Jahre.

Scheitelhöhe	Durchmesser des berindeten Stammes in 1,3											
	50	52	54	56	58	60	62	64	66	68	70	72
m	Festmeter											
12	—	—	—	—	—	—	—	—	—	—	—	—
13	—	—	—	—	—	—	—	—	—	—	—	—
14	—	—	—	—	—	—	—	—	—	—	—	—
15	—	—	—	—	—	—	—	—	—	—	—	—
16	—	—	—	—	—	—	—	—	—	—	—	—
17	—	—	—	—	—	—	—	—	—	—	—	—
18	—	—	—	—	—	—	—	—	—	—	—	—
19	—	—	—	—	—	—	—	—	—	—	—	—
20	—	—	—	—	—	—	—	—	—	—	—	—
21	—	—	—	—	—	—	—	—	—	—	—	—
22	—	—	—	—	—	—	—	—	—	—	—	—
23	1,933	—	—	—	—	—	—	—	—	—	—	—
24	2,017	2,156	—	—	—	—	—	—	—	—	—	—
25	2,101	2,246	2,393	—	—	—	—	—	—	—	—	—
26	2,185	2,336	2,480	2,644	—	—	—	—	—	—	—	—
27	2,269	2,425	2,585	2,746	2,918	3,084	—	—	—	—	—	—
28	2,353	2,515	2,680	2,848	3,026	3,198	3,381	3,567	3,765	—	—	—
29	2,437	2,605	2,776	2,950	3,134	3,312	3,501	3,694	3,899	4,107	4,319	—
30	2,521	2,695	2,872	3,051	3,242	3,427	3,622	3,821	4,034	4,249	4,468	4,70
31	2,605	2,784	2,968	3,153	3,350	3,541	3,743	3,948	4,168	4,391	4,617	4,85
32	2,680	2,874	3,063	3,255	3,458	3,655	3,864	4,076	4,303	4,532	4,766	5,01
33	2,773	2,964	3,159	3,357	3,566	3,769	3,984	4,203	4,437	4,674	4,915	5,17
34	2,857	3,054	3,255	3,458	3,674	3,884	4,105	4,331	4,572	4,816	5,064	5,32
35	2,941	3,144	3,350	3,560	3,782	3,908	4,226	4,458	4,706	4,957	5,213	5,48

Tabelle IV.

b) Baum-Massentafel.

Altersklasse 21 bis 60 Jahre.

Scheitelhöhe m	Durchmesser des berindeten Stammes in 1,3 m Meßhöhe: cm Festmeter															
	4	6	8	10	12	14	16	18	20	22	24	26	28	30	32	34
4	0,005	0,011	—	—	—	—	—	—	—	—	—	—	—	—	—	—
5	0,005	0,013	0,024	—	—	—	—	—	—	—	—	—	—	—	—	—
6	0,006	0,015	0,026	0,041	—	—	—	—	—	—	—	—	—	—	—	—
7	0,007	0,016	0,028	0,045	0,066	0,088	—	—	—	—	—	—	—	—	—	—
8	0,008	0,018	0,031	0,049	0,071	0,096	0,126	—	—	—	—	—	—	—	—	—
9	—	0,019	0,034	0,053	0,076	0,104	0,136	0,173	—	—	—	—	—	—	—	—
10	—	0,021	0,037	0,057	0,082	0,112	0,147	0,186	0,229	—	—	—	—	—	—	—
11	—	0,023	0,039	0,061	0,087	0,119	0,156	0,199	0,244	0,297	—	—	—	—	—	—
12	—	0,024	0,042	0,065	0,093	0,127	0,166	0,212	0,260	0,315	—	—	—	—	—	—
13	—	0,026	0,044	0,069	0,098	0,134	0,176	0,224	0,275	0,333	—	—	—	—	—	—
14	—	—	0,047	0,073	0,104	0,142	0,186	0,236	0,291	0,352	0,419	—	—	—	—	—
15	—	—	0,049	0,077	0,110	0,150	0,196	0,248	0,306	0,371	0,441	—	—	—	—	—
16	—	—	0,051	0,081	0,116	0,158	0,206	0,261	0,322	0,390	0,464	0,544	0,631	—	—	—
17	—	—	—	0,084	0,121	0,165	0,216	0,273	0,337	0,409	0,486	0,570	0,661	—	—	—
18	—	—	—	0,088	0,127	0,173	0,226	0,286	0,353	0,428	0,509	0,597	0,692	0,795	—	—
19	—	—	—	0,092	0,132	0,180	0,236	0,298	0,368	0,447	0,531	0,623	0,722	0,830	—	—
20	—	—	—	0,096	0,138	0,188	0,246	0,311	0,384	0,465	0,554	0,649	0,753	0,865	—	—
21	—	—	—	—	0,143	0,195	0,256	0,323	0,399	0,484	0,576	0,675	0,783	0,899	—	—
22	—	—	—	—	0,149	0,203	0,265	0,336	0,414	0,502	0,597	0,701	0,812	0,933	1,061	—
23	—	—	—	—	0,154	0,210	0,274	0,347	0,429	0,519	0,617	0,725	0,840	0,965	1,097	—
24	—	—	—	—	0,150	0,217	0,283	0,358	0,443	0,536	0,637	0,748	0,867	0,996	1,133	—
25	—	—	—	—	—	0,224	0,292	0,369	0,457	0,552	0,657	0,771	0,894	1,027	1,168	—
26	—	—	—	—	—	0,230	0,301	0,380	0,470	0,568	0,676	0,793	0,920	1,057	1,202	—
27	—	—	—	—	—	—	0,309	0,391	0,483	0,584	0,695	0,815	0,945	1,086	1,235	—
28	—	—	—	—	—	—	0,317	0,401	0,495	0,599	0,713	0,837	0,970	1,114	1,267	1,431
29	—	—	—	—	—	—	—	0,411	0,507	0,614	0,730	0,858	0,994	1,142	1,298	1,466
30	—	—	—	—	—	—	—	0,421	0,519	0,628	0,747	0,878	1,018	1,169	1,329	1,501
31	—	—	—	—	—	—	—	—	0,531	0,642	0,764	0,898	1,041	1,195	1,359	1,535
32	—	—	—	—	—	—	—	—	0,542	0,656	0,781	0,917	1,063	1,221	1,389	1,569
33	—	—	—	—	—	—	—	—	0,554	0,670	0,798	0,936	1,086	1,246	1,418	1,601
34	—	—	—	—	—	—	—	—	0,565	0,683	0,814	0,955	1,108	1,270	1,446	1,632
35	—	—	—	—	—	—	—	—	—	0,695	0,828	0,972	1,128	1,294	1,473	1,662
36	—	—	—	—	—	—	—	—	—	0,707	0,842	0,988	1,147	1,317	1,498	1,690

Tabelle IV.

b) Baum-Massentafel.
Altersklasse 61 bis 100 Jahre.

Scheitelhöhe m	Durchmesser des berindeten Stammes in 1,3 m Meßhöhe: cm Festmeter													
	8	10	12	14	16	18	20	22	24	26	28	30	32	34
10	0,036	0,057	0,082	0,112	—	—	—	—	—	—	—	—	—	—
11	0,039	0,061	0,088	0,120	0,158	0,202	—	—	—	—	—	—	—	—
12	0,041	0,065	0,094	0,128	0,167	0,212	—	—	—	—	—	—	—	—
13	0,044	0,069	0,099	0,135	0,176	0,221	—	—	—	—	—	—	—	—
14	0,046	0,072	0,104	0,142	0,184	0,233	0,288	0,347	—	—	—	—	—	—
15	—	0,076	0,110	0,150	0,194	0,246	0,305	0,367	—	—	—	—	—	—
16	—	0,080	0,115	0,157	0,205	0,260	0,321	0,387	0,460	0,539	—	—	—	—
17	—	0,084	0,121	0,165	0,215	0,272	0,336	0,406	0,482	0,565	—	—	—	—
18	—	0,087	0,126	0,172	0,225	0,284	0,351	0,424	0,504	0,591	0,684	0,784	0,890	—
19	—	0,090	0,131	0,179	0,234	0,296	0,365	0,442	0,525	0,615	0,712	0,816	0,927	—
20	—	0,093	0,135	0,185	0,242	0,307	0,379	0,459	0,545	0,639	0,740	0,848	0,963	1,086
21	—	—	0,140	0,191	0,251	0,318	0,393	0,476	0,565	0,662	0,767	0,878	0,997	1,125
22	—	—	0,144	0,197	0,259	0,329	0,407	0,492	0,584	0,684	0,793	0,908	1,031	1,164
23	—	—	0,149	0,204	0,267	0,340	0,421	0,508	0,603	0,707	0,819	0,938	1,065	1,201
24	—	—	0,153	0,210	0,275	0,351	0,434	0,524	0,622	0,729	0,844	0,967	1,098	1,238
25	—	—	—	0,216	0,284	0,361	0,447	0,540	0,641	0,751	0,869	0,906	1,131	1,273
26	—	—	—	0,222	0,292	0,371	0,459	0,555	0,659	0,772	0,893	1,024	1,163	1,308
27	—	—	—	—	0,300	0,381	0,471	0,570	0,677	0,793	0,916	1,051	1,193	1,341
28	—	—	—	—	0,307	0,390	0,483	0,584	0,694	0,813	0,940	1,077	1,223	1,373
29	—	—	—	—	—	0,400	0,495	0,599	0,712	0,834	0,965	1,104	1,252	1,407
30	—	—	—	—	—	0,409	0,507	0,614	0,730	0,855	0,990	1,132	1,281	1,441
31	—	—	—	—	—	0,419	0,519	0,629	0,748	0,876	1,014	1,161	1,313	1,477
32	—	—	—	—	—	0,429	0,532	0,645	0,766	0,897	1,038	1,190	1,346	1,514
33	—	—	—	—	—	—	—	0,662	0,785	0,919	1,064	1,220	1,381	1,552
34	—	—	—	—	—	—	—	0,677	0,804	0,942	1,090	1,250	1,416	1,590
35	—	—	—	—	—	—	—	—	—	0,966	1,118	1,281	1,452	1,630
36	—	—	—	—	—	—	—	—	—	0,990	1,146	1,313	1,488	1,670
37	—	—	—	—	—	—	—	—	—	—	1,175	1,345	1,525	1,711
38	—	—	—	—	—	—	—	—	—	—	1,205	1,378	1,562	1,753
39	—	—	—	—	—	—	—	—	—	—	—	—	1,598	1,793
40	—	—	—	—	—	—	—	—	—	—	—	—	1,634	1,834

Tabelle IV.

b) Baum-Massentafel.
Altersklasse 61 bis 100 Jahre.

Scheitelhöhe m	Durchmesser des berindeten Stammes in 1,3 m Meßhöhe: cm													
	36	38	40	42	44	46	48	50	52	54	56	58	60	62
	Festmeter													
10	—	—	—	—	—	—	—	—	—	—	—	—	—	—
11	—	—	—	—	—	—	—	—	—	—	—	—	—	—
12	—	—	—	—	—	—	—	—	—	—	—	—	—	—
13	—	—	—	—	—	—	—	—	—	—	—	—	—	—
14	—	—	—	—	—	—	—	—	—	—	—	—	—	—
15	—	—	—	—	—	—	—	—	—	—	—	—	—	—
16	—	—	—	—	—	—	—	—	—	—	—	—	—	—
17	—	—	—	—	—	—	—	—	—	—	—	—	—	—
18	—	—	—	—	—	—	—	—	—	—	—	—	—	—
19	—	—	—	—	—	—	—	—	—	—	—	—	—	—
20	1,216	1,345	—	—	—	—	—	—	—	—	—	—	—	—
21	1,260	1,402	—	—	—	—	—	—	—	—	—	—	—	—
22	1,303	1,450	1,603	—	—	—	—	—	—	—	—	—	—	—
23	1,344	1,494	1,657	—	—	—	—	—	—	—	—	—	—	—
24	1,385	1,538	1,701	1,865	—	—	—	—	—	—	—	—	—	—
25	1,423	1,580	1,748	1,914	—	—	—	—	—	—	—	—	—	—
26	1,461	1,621	1,794	1,963	2,139	—	—	—	—	—	—	—	—	—
27	1,497	1,662	1,837	2,012	2,192	2,378	—	—	—	—	—	—	—	—
28	1,533	1,702	1,879	2,060	2,244	2,434	2,625	—	—	—	—	—	—	—
29	1,571	1,744	1,923	2,110	2,299	2,493	2,688	2,887	—	—	—	—	—	—
30	1,609	1,786	1,968	2,161	2,354	2,553	2,752	2,957	3,166	3,387	3,613	—	—	—
31	1,648	1,829	2,015	2,211	2,410	2,616	2,823	3,036	3,251	3,478	3,710	3,948	—	—
32	1,687	1,873	2,063	2,262	2,467	2,680	2,895	3,116	3,337	3,569	3,807	4,050	4,298	4,550
33	1,729	1,920	2,114	2,318	2,528	2,747	2,967	3,193	3,423	3,661	3,905	4,154	4,408	4,677
34	1,772	1,967	2,166	2,374	2,590	2,814	3,039	3,271	3,509	3,753	4,003	4,258	4,518	4,804
35	1,817	2,014	2,221	2,434	2,655	2,885	3,115	3,353	3,597	3,847	4,103	4,359	4,630	4,924
36	1,862	2,062	2,276	2,494	2,721	2,956	3,192	3,435	3,685	3,941	4,203	4,461	4,743	5,043
37	1,908	2,112	2,332	2,555	2,785	3,025	3,267	3,516	3,771	4,033	4,301	4,568	4,859	5,160
38	1,953	2,163	2,388	2,617	2,849	3,094	3,342	3,596	3,857	4,125	4,399	4,676	4,974	5,277
39	1,998	2,215	2,443	2,674	2,912	3,163	3,416	3,679	3,946	4,220	4,500	4,784	5,088	5,397
40	2,044	2,268	2,498	2,732	2,974	3,231	3,489	3,762	4,035	4,315	4,601	4,893	5,202	5,518

Tabelle IV.

b) Baum-Massentafel.

Altersklasse über 100 Jahre.

Durchmesser des berindeten Stammes in 1,3 m Meßhöhe: cm

Festmeter

14	16	18	20	22	24	26	28	30	32	34	36	38	40	42	44	46
,143	0,184	0,230	0,280	0,335	0,393	0,458	—	—	—	—	—	—	—	—	—	—
,151	0,196	0,244	0,297	0,355	0,417	0,485	0,557	0,635	—	—	—	—	—	—	—	—
,160	0,207	0,258	0,314	0,375	0,441	0,513	0,589	0,671	0,758	—	—	—	—	—	—	—
,169	0,217	0,271	0,331	0,395	0,465	0,539	0,619	0,705	0,797	0,892	—	—	—	—	—	—
,177	0,227	0,284	0,347	0,414	0,488	0,565	0,650	0,739	0,835	0,935	1,039	—	—	—	—	—
,185	0,238	0,297	0,362	0,433	0,510	0,591	0,680	0,773	0,872	0,977	1,086	1,205	—	—	—	—
—	0,248	0,310	0,378	0,452	0,532	0,617	0,709	0,806	0,909	1,019	1,134	1,259	1,382	—	—	—
—	0,258	0,323	0,394	0,470	0,554	0,643	0,738	0,839	0,947	1,061	1,181	1,311	1,439	1,574	1,715	1,80
—	0,268	0,336	0,410	0,489	0,576	0,668	0,767	0,872	0,984	1,103	1,229	1,362	1,496	1,637	1,783	1,93
—	—	0,349	0,426	0,508	0,598	0,694	0,796	0,905	1,021	1,145	1,276	1,412	1,552	1,697	1,849	2,00
—	—	0,362	0,441	0,526	0,620	0,720	0,825	0,938	1,058	1,187	1,322	1,463	1,607	1,756	1,914	2,07
—	—	0,374	0,457	0,545	0,641	0,745	0,852	0,970	1,094	1,227	1,366	1,512	1,661	1,814	1,978	2,14
—	—	—	0,472	0,564	0,662	0,769	0,879	1,002	1,130	1,267	1,410	1,560	1,715	1,872	2,040	2,21
—	—	—	0,488	0,582	0,682	0,792	0,905	1,033	1,164	1,307	1,454	1,607	1,767	1,929	2,102	2,28
—	—	—	0,503	0,599	0,702	0,814	0,931	1,063	1,198	1,345	1,496	1,654	1,819	1,986	2,163	2,33
—	—	—	—	0,616	0,721	0,836	0,957	1,093	1,232	1,382	1,538	1,700	1,869	2,042	2,224	2,41
—	—	—	—	0,633	0,740	0,859	0,984	1,122	1,266	1,419	1,580	1,745	1,919	2,098	2,286	2,48
—	—	—	—	0,649	0,760	0,882	1,011	1,151	1,300	1,456	1,622	1,790	1,969	2,154	2,348	2,54
—	—	—	—	0,665	0,779	0,904	1,038	1,180	1,333	1,493	1,664	1,836	2,019	2,210	2,409	2,61
—	—	—	—	—	0,799	0,926	1,064	1,210	1,366	1,530	1,706	1,882	2,070	2,264	2,469	2,68
—	—	—	—	—	—	0,948	1,091	1,240	1,399	1,567	1,747	1,928	2,121	2,318	2,531	2,74
—	—	—	—	—	—	—	1,117	1,269	1,432	1,604	1,788	1,973	2,172	2,371	2,591	2,81
—	—	—	—	—	—	—	1,142	1,298	1,465	1,640	1,828	2,017	2,221	2,425	2,649	2,87
—	—	—	—	—	—	—	—	1,326	1,497	1,676	1,868	2,060	2,268	2,476	2,705	2,93
—	—	—	—	—	—	—	—	—	—	1,711	1,907	2,103	2,313	2,527	2,761	2,98
—	—	—	—	—	—	—	—	—	—	—	1,945	2,145	2,358	2,577	2,816	3,05
—	—	—	—	—	—	—	—	—	—	—	1,983	2,187	2,403	2,627	2,871	3,11
—	—	—	—	—	—	—	—	—	—	—	—	—	2,447	2,675	2,924	3,16
—	—	—	—	—	—	—	—	—	—	—	—	—	—	—	—	3,22
—	—	—	—	—	—	—	—	—	—	—	—	—	—	—	—	—
—	—	—	—	—	—	—	—	—	—	—	—	—	—	—	—	—
—	—	—	—	—	—	—	—	—	—	—	—	—	—	—	—	—

b) Baum-Maſſentafel.

Altersklaſſe über 100 Jahre.

Tabelle IV.

Durchmeſſer des berindeten Stammes in 1,3 m Meßhöhe: cm

48	50	52	54	56	58	60	62	64	66	68	70	72	74	76	78	80
							Feſtmeter									
—	—	—	—	—	—	—	—	—	—	—	—	—	—	—	—	—
—	—	—	—	—	—	—	—	—	—	—	—	—	—	—	—	—
—	—	—	—	—	—	—	—	—	—	—	—	—	—	—	—	—
—	—	—	—	—	—	—	—	—	—	—	—	—	—	—	—	—
—	—	—	—	—	—	—	—	—	—	—	—	—	—	—	—	—
—	—	—	—	—	—	—	—	—	—	—	—	—	—	—	—	—
,090	—	—	—	—	—	—	—	—	—	—	—	—	—	—	—	—
,168	2,339	—	—	—	—	—	—	—	—	—	—	—	—	—	—	—
,245	2,422	2,594	2,765	—	—	—	—	—	—	—	—	—	—	—	—	—
,320	2,503	2,680	2,862	3,073	—	—	—	—	—	—	—	—	—	—	—	—
,395	2,583	2,766	2,959	3,176	3,407	—	—	—	—	—	—	—	—	—	—	—
,467	2,661	2,852	3,054	3,278	3,516	3,748	—	—	—	—	—	—	—	—	—	—
,538	2,738	2,938	3,149	3,379	3,625	3,863	4,108	—	—	—	—	—	—	—	—	—
,610	2,815	3,024	3,244	3,482	3,731	3,967	4,228	4,487	—	—	—	—	—	—	—	—
,682	2,892	3,109	3,339	3,584	3,836	4,088	4,347	4,613	4,892	—	—	—	—	—	—	—
,754	2,970	3,196	3,432	3,680	3,939	4,198	4,463	4,737	5,024	5,320	5,631	5,958	—	—	—	—
,826	3,047	3,282	3,525	3,775	4,041	4,307	4,579	4,860	5,156	5,462	5,788	6,124	6,455	6,779	7,126	7,480
,898	3,126	3,367	3,616	3,872	4,141	4,413	4,692	4,984	5,289	5,608	5,943	6,288	6,628	6,960	7,316	7,679
,970	3,204	3,451	3,707	3,969	4,240	4,518	4,804	5,108	5,421	5,754	6,093	6,444	6,800	7,141	7,506	7,878
,039	3,278	3,530	3,791	4,060	4,336	4,621	4,916	5,228	5,548	5,886	6,138	6,597	6,961	7,319	7,692	8,074
,107	3,351	3,609	3,875	4,150	4,432	4,723	5,028	5,348	5,675	6,018	6,378	6,742	7,122	7,493	7,878	8,270
,173	3,422	3,685	3,952	4,237	4,525	4,825	5,138	5,462	5,797	6,150	6,516	6,888	7,279	7,660	8,059	8,461
,239	3,492	3,761	4,029	4,324	4,618	4,927	5,248	5,575	5,917	6,279	6,653	7,033	7,436	7,826	8,240	8,652
,303	3,557	3,835	4,107	4,409	4,708	5,027	5,355	5,684	6,038	6,408	6,789	7,179	7,589	7,990	8,412	8,840
,366	3,622	3,908	4,185	4,493	4,798	5,123	5,458	5,794	6,158	6,537	6,924	7,324	7,741	8,149	8,584	9,027
,427	3,687	3,979	4,262	4,574	4,885	5,216	5,557	5,904	6,276	6,663	7,059	7,469	7,890	8,308	8,758	9,211
,488	3,752	4,049	4,338	4,655	4,971	5,308	5,655	6,012	6,394	6,788	7,193	7,609	8,038	8,466	8,931	9,394
—	3,818	4,119	4,411	4,733	5,055	5,398	5,750	6,118	6,509	6,915	7,322	7,746	8,183	8,624	9,091	9,563
—	—	4,484	4,812	5,138	5,486	5,845	6,224	6,623	7,031	7,451	7,880	8,322	8,780	9,251	9,731	
—	—	—	—	—	5,572	5,937	6,326	6,727	7,142	7,568	8,007	8,458	8,921	9,397	9,885	

3. Kiefer

bearbeitet

von

Professor Dr. **Schwappach.**

———

Tabelle V.

a) Derbholz-Massentafel.
Altersklasse 41 bis 80 Jahre.

Scheitelhöhe m	Durchmesser des berindeten Stammes in 1,3 m Meßhöhe: cm								
	8	9	10	11	12	13	14	15	16
	Festmeter								
8	0,016	0,021	0,025	0,034	0,044	0,053	0,060	—	—
9	0,018	0,024	0,029	0,038	0,048	0,058	0,067	0,083	—
10	0,020	0,027	0,033	0,042	0,053	0,063	0,074	0,090	0,094
11	0,023	0,030	0,036	0,046	0,057	0,069	0,080	0,097	0,103
12	0,025	0,033	0,040	0,050	0,062	0,074	0,086	0,104	0,112
13	0,028	0,036	0,044	0,054	0,066	0,079	0,092	0,112	0,120
14	0,030	0,039	0,047	0,058	0,070	0,084	0,098	0,119	0,128
15	0,032	0,042	0,051	0,062	0,075	0,090	0,105	0,127	0,137
16	0,035	0,045	0,054	0,066	0,080	0,095	0,111	0,134	0,146
17	—	0,048	0,058	0,070	0,084	0,100	0,118	0,141	0,154
18	—	—	0,062	0,076	0,089	0,106	0,124	0,149	0,162
19	—	—	÷	—	—	0,111	0,130	0,156	0,172
20	—	—	—	—	—	—	0,136	0,164	0,181
21	—	—	—	—	—	—	—	0,171	0,190
22	—	—	—	—	—	—	—	—	0,199

Scheitelhöhe m	Durchmesser des berindeten Stammes in 1,3 m Meßhöhe: cm							
	17	18	19	20	21	22	23	24
	Festmeter							
10	0,106	0,120	—	—	—	—	—	—
11	0,116	0,132	0,148	0,170	—	—	—	—
12	0,126	0,143	0,160	0,181	0,200	0,220	0,241	—
13	0,135	0,154	0,172	0,193	0,214	0,234	0,258	0,278
14	0,144	0,165	0,183	0,205	0,226	0,249	0,275	0,297
15	0,154	0,177	0,194	0,218	0,239	0,263	0,290	0,312
16	0,164	0,188	0,206	0,230	0,252	0,278	0,306	0,330
17	0,173	0,200	0,218	0,242	0,266	0,293	0,323	0,348
18	0,183	0,211	0,230	0,254	0,278	0,307	0,339	0,365
19	0,192	0,222	0,254	0,267	0,291	0,321	0,355	0,388
20	0,202	0,233	0,242	0,279	0,304	0,336	0,372	0,400
21	0,212	0,244	0,266	0,291	0,318	0,351	0,388	0,418
22	0,221	0,256	0,278	0,304	0,330	0,365	0,405	0,435
23	0,230	0,268	0,290	0,316	0,344	0,380	0,421	0,453
24	—	0,279	0,302	0,328	0,357	0,394	0,438	0,470
25	—	—	0,314	0,340	0,370	0,409	0,455	0,487
26	—	—	—	—	—	—	0,472	0,505

Tabelle V.

a) Derbholz-Maffentafel.
Altersklaffe 41 bis 80 Jahre.

Scheitelhöhe m	Durchmesser des berindeten Stammes in 1,3 m Meßhöhe: cm							
	25	26	27	28	29	30	31	32
	Festmeter							
14	0,329	—	—	—	—	—	—	—
15	0,347	0,378	—	—	—	—	—	—
16	0,365	0,398	0,426	0,460	0,494	0,524	0,560	0,596
17	0,383	0,418	0,448	0,484	0,521	0,553	0,589	0,628
18	0,401	0,437	0,469	0,509	0,547	0,582	0,620	0,660
19	0,419	0,456	0,490	0,533	0,574	0,610	0,650	0,691
20	0,438	0,476	0,511	0,557	0,600	0,638	0,680	0,723
21	0,455	0,495	0,532	0,580	0,626	0,667	0,710	0,756
22	0,473	0,514	0,553	0,604	0,653	0,695	0,740	0,788
23	0,491	0,533	0,575	0,629	0,679	0,723	0,770	0,820
24	0,509	0,553	0,596	0,653	0,705	0,751	0,800	0,852
25	0,527	0,572	0,617	0,677	0,732	0,779	0,830	0,884
26	0,546	0,592	0,639	0,700	0,758	0,808	0,860	0,916
27	0,564	0,611	0,660	0,726	0,785	0,836	0,890	0,948
28	—	—	0,682	0,751	0,810	0,863	0,920	0,980
29	—	—	—	—	0,837	0,891	0,950	1,011
30	—	—	—	—	0,863	0,920	0,980	1,043
31	—	—	—	—	—	0,947	1,010	1,075

Scheitelhöhe m	Durchmesser des berindeten Stammes in 1,3 m Meßhöhe: cm							
	33	34	35	36	37	38	39	40
	Festmeter							
17	0,664	0,706	—	—	—	—	—	—
18	0,699	0,742	0,790	0,830	0,880	0,928	—	—
19	0,735	0,779	0,830	0,870	0,922	0,972	1,020	1,092
20	0,770	0,817	0,869	0,912	0,965	1,018	1,068	1,140
21	0,804	0,855	0,906	0,953	1,008	1,063	1,118	1,190
22	0,840	0,892	0,944	0,994	1,051	1,110	1,167	1,239
23	0,873	0,928	0,983	1,036	1,094	1,156	1,217	1,288
24	0,908	0,966	1,020	1,076	1,138	1,200	1,265	1,336
25	0,942	1,003	1,059	1,118	1,180	1,247	1,312	1,385
26	0,976	1,040	1,098	1,158	1,223	1,292	1,360	1,434
27	1,010	1,077	1,136	1,200	1,266	1,338	1,408	1,483
28	1,044	1,113	1,175	1,241	1,308	1,381	1,457	1,532
29	1,079	1,149	1,212	1,282	1,350	1,427	1,506	1,580
30	1,113	1,187	1,251	1,323	1,394	1,473	1,553	1,629
31	1,148	1,223	1,288	1,364	1,435	1,518	1,600	1,678
32	1,180	1,260	1,326	1,406	1,478	1,562	1,647	1,727

Tabelle V.

a) Derbholz-Massentafel.
Altersklasse über 80 Jahre.

Scheitelhöhe m	Durchmesser des berindeten Stammes in 1,3 m Meßhöhe: cm								
	23	24	25	26	27	28	29	30	31
	Festmeter								
12	0,249	0,273	0,300	0,326	—	—	—	—	—
13	0,265	0,291	0,319	0,346	0,370	0,403	0,440	0,462	—
14	0,283	0,310	0,339	0,367	0,395	0,429	0,468	0,494	0,530
15	0,300	0,328	0,360	0,388	0,418	0,454	0,495	0,524	0,562
16	0,317	0,347	0,380	0,409	0,442	0,479	0,522	0,553	0,592
17	0,334	0,366	0,400	0,430	0,465	0,504	0,550	0,582	0,623
18	0,350	0,384	0,419	0,451	0,489	0,529	0,577	0,612	0,654
19	0,367	0,402	0,439	0,472	0,513	0,554	0,603	0,641	0,685
20	0,385	0,420	0,459	0,493	0,537	0,578	0,632	0,670	0,716
21	0,401	0,439	0,479	0,514	0,560	0,604	0,659	0,699	0,747
22	0,418	0,457	0,498	0,536	0,585	0,629	0,686	0,728	0,778
23	0,435	0,476	0,518	0,557	0,608	0,657	0,712	0,758	0,808
24	0,452	0,494	0,538	0,578	0,632	0,680	0,740	0,788	0,838
25	0,469	0,512	0,558	0,600	0,656	0,704	0,768	0,817	0,870
26	0,486	0,531	0,578	0,620	0,680	0,729	0,795	0,846	0,900
27	0,503	0,549	0,598	0,641	0,702	0,753	0,821	0,874	0,930
28	0,520	0,568	0,618	0,663	0,726	0,778	0,848	0,903	0,960
29	—	0,586	0,638	0,684	0,750	0,804	0,874	0,932	0,990
30	—	—	—	—	0,774	0,830	0,902	0,961	1,020
31	—	—	—	—	—	—	—	—	1,050

Scheitelhöhe m	Durchmesser des berindeten Stammes in 1,3 m Meßhöhe: cm								
	32	33	34	35	36	37	38	39	40
	Festmeter								
14	0,564	—	—	—	—	—	—	—	—
15	0,598	0,636	0,668	—	—	—	—	—	—
16	0,632	0,672	0,708	0,740	—	—	—	—	—
17	0,666	0,708	0,747	0,780	0,822	0,868	—	—	—
18	0,700	0,744	0,786	0,824	0,866	0,914	0,972	1,024	1,070
19	0,734	0,780	0,826	0,866	0,910	0,960	1,020	1,075	1,124
20	0,768	0,816	0,865	0,908	0,955	1,006	1,068	1,126	1,178
21	0,802	0,852	0,904	0,950	1,000	1,054	1,114	1,177	1,230
22	0,836	0,888	0,943	0,994	1,043	1,100	1,162	1,228	1,283
23	0,870	0,924	0,982	1,035	1,087	1,146	1,210	1,278	1,337
24	0,904	0,960	1,020	1,076	1,132	1,192	1,258	1,330	1,392
25	0,938	0,997	1,060	1,119	1,178	1,240	1,308	1,380	1,447
26	0,972	1,032	1,099	1,160	1,222	1,286	1,356	1,432	1,500
27	1,004	1,067	1,138	1,202	1,266	1,332	1,402	1,483	1,555
28	1,037	1,102	1,177	1,242	1,310	1,378	1,451	1,535	1,609
29	1,071	1,137	1,214	1,281	1,357	1,425	1,500	1,587	1,662
30	1,104	1,172	1,252	1,323	1,401	1,472	1,548	1,639	1,718
31	1,137	1,208	1,292	1,365	1,447	1,518	1,598	1,690	1,771
32	—	1,243	1,332	1,406	1,490	1,566	1,648	1,742	1,821
33	—	—	—	—	1,537	1,612	1,695	1,795	1,880
34	—	—	—	—	—	1,660	1,744	1,848	1,938
35	—	—	—	—	—	—	1,793	1,900	1,994

a) Derbholz-Massentafel.
Altersklasse über 80 Jahre.

Tabelle V.

Scheitelhöhe m	Durchmesser des berindeten Stammes in 1,3 m Meßhöhe: cm								
	41	42	43	44	45	46	47	48	49
	Festmeter								
18	1,128	—	—	—	—	—	—	—	—
19	1,181	1,242	1,296	1,352	—	—	—	—	—
20	1,238	1,300	1,360	1,419	1,482	1,540	—	—	—
21	1,292	1,360	1,422	1,486	1,554	1,618	1,685	1,755	—
22	1,346	1,419	1,485	1,552	1,627	1,694	1,765	1,838	1,867
23	1,400	1,478	1,552	1,620	1,700	1,770	1,845	1,922	1,960
24	1,460	1,539	1,615	1,686	1,770	1,845	1,925	2,003	2,054
25	1,514	1,597	1,680	1,752	1,840	1,920	2,005	2,085	2,146
26	1,572	1,658	1,744	1,818	1,910	1,994	2,085	2,169	2,237
27	1,626	1,716	1,806	1,885	1,980	2,068	2,163	2,250	2,327
28	1,692	1,775	1,870	1,952	2,052	2,140	2,240	2,333	2,418
29	1,740	1,837	1,936	2,017	2,122	2,217	2,319	2,415	2,507
30	1,795	1,899	1,996	2,083	2,193	2,290	2,397	2,497	2,598
31	1,852	1,960	2,060	2,148	2,263	2,360	2,474	2,577	2,688
32	1,909	2,019	2,123	2,214	2,332	2,434	2,550	2,660	2,776
33	1,966	2,080	2,185	2,278	2,402	2,508	2,627	2,740	2,865
34	2,024	2,140	2,250	2,344	2,472	2,583	2,705	2,820	2,954
35	2,080	2,200	2,310	2,408	2,543	2,657	2,782	2,901	3,040
36	—	—	2,374	2,474	2,612	2,730	2,857	2,981	3,126
37	—	—	—	—	—	—	—	—	3,212

Scheitelhöhe m	Durchmesser des berindeten Stammes in 1,3 m Meßhöhe: cm							
	50	51	52	53	54	55	56	57
	Festmeter							
22	1,977	—	—	—	—	—	—	—
23	2,065	2,140	—	—	—	—	—	—
24	2,160	2,238	2,340	—	—	—	—	—
25	2,251	2,333	2,435	2,540	—	—	—	—
26	2,345	2,434	2,535	2,645	2,690	—	—	—
27	2,440	2,532	2,635	2,750	2,805	2,900	3,020	3,150
28	2,530	2,631	2,735	2,853	2,915	3,020	3,145	3,278
29	2,620	2,730	2,836	2,956	3,030	3,138	3,270	3,400
30	2,712	2,827	2,936	3,058	3,137	3,260	3,390	3,520
31	2,803	2,924	3,037	3,160	3,250	3,376	3,505	3,643
32	2,893	3,020	3,137	3,261	3,357	3,493	3,625	3,767
33	2,984	3,118	3,237	3,362	3,469	3,610	3,745	3,890
34	3,075	3,210	3,337	3,464	3,579	3,723	3,862	4,005
35	3,164	3,302	3,438	3,564	3,680	3,832	3,978	4,120
36	3,253	3,396	3,538	3,665	3,785	3,950	4,090	4,245
37	3,342	3,490	3,639	3,766	3,893	4,060	4,205	4,365
38	—	3,584	3,740	3,866	3,997	4,173	4,320	4,477
39	—	—	—	—	—	4,286	4,435	4,600
40	—	—	—	—	—	—	4,455	4,715

Tabelle VI.

b) Baum-Maffentafel.
Altersklaffe 41 bis 80 Jahre.

Schrittelhöhe m	Durchmeffer des berindeten Stammes in 1,3 m Meßhöhe: cm							
	8	9	10	11	12	13	14	15
	Feftmeter							
8	0,029	—	—	—	—	—	—	—
9	0,031	0,039	0,048	—	—	—	—	—
10	0,033	0,042	0,051	0,062	0,074	0,086	0,098	0,144
11	0,035	0,044	0,054	0,066	0,078	0,090	0,104	0,120
12	0,037	0,047	0,057	0,069	0,082	0,095	0,109	0,126
13	0,039	0,050	0,060	0,073	0,086	0,100	0,115	0,133
14	0,041	0,052	0,062	0,076	0,089	0,105	0,121	0,139
15	0,043	0,055	0,065	0,079	0,093	0,110	0,126	0,146
16	0,045	0,058	0,068	0,082	0,097	0,115	0,132	0,152
17	—	0,061	0,071	0,085	0,101	0,119	0,138	0,159
18	—	—	0,074	0,088	0,104	0,124	0,144	0,165
19	—	—	—	0,092	0,108	0,128	0,149	0,171
20	—	—	—	—	0,112	0,133	0,155	0,177
21	—	—	—	—	—	—	0,160	0,184
22	—	—	—	—	—	—	—	0,190

Schrittelhöhe m	Durchmeffer des berindeten Stammes in 1,3 m Meßhöhe: cm							
	16	17	18	19	20	21	22	23
	Feftmeter							
10	0,127	—	—	—	—	—	—	—
11	0,135	0,155	0,173	—	—	—	—	—
12	0,143	0,164	0,182	0,205	0,228	0,254	0,278	0,304
13	0,150	0,172	0,192	0,215	0,239	0,266	0,292	0,319
14	0,158	0,180	0,201	0,226	0,251	0,280	0,306	0,335
15	0,166	0,189	0,211	0,236	0,263	0,293	0,320	0,350
16	0,173	0,197	0,220	0,247	0,275	0,305	0,335	0,366
17	0,180	0,206	0,230	0,257	0,287	0,318	0,349	0,382
18	0,188	0,214	0,239	0,268	0,299	0,332	0,363	0,398
19	0,196	0,222	0,248	0,278	0,311	0,345	0,378	0,414
20	0,203	0,230	0,258	0,289	0,322	0,358	0,392	0,430
21	0,210	0,239	0,267	0,300	0,334	0,371	0,406	0,446
22	0,218	0,248	0,277	0,310	0,346	0,384	0,420	0,462
23	0,225	0,256	0,286	0,321	0,358	0,397	0,435	0,478
24	—	0,264	0,296	0,332	0,370	0,410	0,450	0,494
25	—	—	0,305	0,342	0,382	0,423	0,464	0,510
26	—	—	—	0,353	0,394	0,436	0,478	0,526
27	—	—	—	—	0,406	0,449	0,492	0,541
28	—	—	—	—	—	0,463	0,506	0,557

b) Baum-Massentafel.

Altersklasse 41 bis 80 Jahre.

Scheitelhöhe m	Durchmesser des berindeten Stammes in 1,3 m Meßhöhe: cm							
	24	25	26	27	28	29	30	31
	Festmeter							
12	0,334	0,368	0,400	—	—	—	—	—
13	0,350	0,386	0,420	0,456	0,498	—	—	—
14	0,367	0,404	0,440	0,477	0,518	0,560	0,598	0,644
15	0,384	0,422	0,460	0,498	0,539	0,580	0,619	0,668
16	0,402	0,440	0,479	0,518	0,560	0,600	0,641	0,689
17	0,419	0,458	0,499	0,539	0,581	0,622	0,665	0,716
18	0,436	0,476	0,518	0,559	0,604	0,646	0,691	0,742
19	0,453	0,494	0,538	0,580	0,627	0,670	0,717	0,767
20	0,470	0,512	0,557	0,601	0,649	0,694	0,742	0,797
21	0,487	0,530	0,577	0,622	0,671	0,717	0,769	0,823
22	0,505	0,548	0,596	0,642	0,694	0,741	0,797	0,850
23	0,521	0,566	0,615	0,663	0,717	0,765	0,823	0,879
24	0,538	0,584	0,635	0,684	0,740	0,790	0,848	0,908
25	0,555	0,602	0,655	0,705	0,763	0,814	0,875	0.935
26	0,573	0,620	0,675	0,726	0,787	0,838	0,903	0,966
27	0,589	0,638	0,695	0,749	0,812	0,865	0,932	0,997
28	0,606	0,656	0,715	0,771	0,835	0,894	0,962	1,030
29	0,623	0,675	0,736	0,794	0,859	0,925	0,992	1,063
30	—	0,693	0,759	0,807	0,885	0,956	1,023	1,100

Scheitelhöhe m	Durchmesser des berindeten Stammes in 1,3 m Meßhöhe: cm						
	32	33	34	35	36	37	38
	Festmeter						
14	0,687	0,728	0,771	0,813	0,860	0,902	0,952
15	0,711	0,753	0,802	0,844	0,898	0,942	0,996
16	0,735	0,782	0,833	0,880	0,932	0,984	1,038
17	0,762	0,813	0,863	0,915	0,970	1,025	1,081
18	0,792	0,842	0,893	0,950	1,009	1,067	1,124
19	0,821	0,871	0,923	0,987	1,050	1,110	1,169
20	0,850	0,903	0,964	1,022	1,088	1,150	1,210
21	0,879	0,935	1,000	1,059	1,126	1,192	1,255
22	0,909	0,969	1,033	1,094	1,165	1,233	1,298
23	0,939	1,002	1,068	1,131	1,205	1,275	1,339
24	0,969	1,035	1,102	1,169	1,244	1,317	1,383
25	1,008	1,070	1,138	1,209	1,285	1,359	1,429
26	1,037	1,104	1,177	1,248	1,325	1,400	1,470
27	1,069	1,138	1,211	1,288	1,365	1,444	1,514
28	1,106	1,177	1,252	1,328	1,406	1,487	1,560
29	1,141	1,215	1,292	1,369	1,450	1,532	1,605
30	1,174	1,252	1,330	1,408	1,495	1,578	1,656

Tabelle VI.

b) Baum-Massentafel.
Altersklasse über 80 Jahre.

Scheitel-höhe	Durchmesser des berindeten Stammes in 1,3 m Meßhöhe: cm								
m	22	23	24	25	26	27	28	29	30
	Festmeter								
12	0,272	0,306	0,342	0,374	0,412	0,448	0,484	—	—
13	0,286	0,322	0,358	0,392	0,429	0,465	0,501	0,540	0,578
14	0,301	0,338	0,374	0,410	0,446	0,482	0,520	0,559	0,600
15	0,316	0,354	0,390	0,428	0,464	0,500	0,540	0,569	0,622
16	0,331	0,370	0,407	0,445	0,482	0,519	0,560	0,600	0,643
17	0,345	0,386	0,424	0,463	0,500	0,539	0,580	0,622	0,666
18	0,360	0,402	0,440	0,481	0,519	0,559	0,601	0,645	0,691
19	0,376	0,418	0,457	0,499	0,537	0,578	0,621	0,667	0,714
20	0,391	0,434	0,474	0,517	0,556	0,598	0,645	0,690	0,739
21	0,405	0,450	0,491	0,535	0,575	0,618	0,668	0,714	0,765
22	0,420	0,466	0,509	0,553	0,595	0,639	0,690	0,739	0,794
23	0,435	0,482	0,525	0,572	0,615	0,660	0,713	0,764	0,820
24	0,450	0,498	0,543	0,590	0,635	0,683	0,736	0,788	0,846
25	0,465	0,515	0,560	0,608	0,655	0,706	0,759	0,815	0,872
26	0,480	0,532	0,578	0,626	0,676	0,728	0,783	0,840	0,900
27	0,495	0,548	0,596	0,644	0,697	0,752	0,807	0,868	0,930
28	0,510	0,565	0,614	0,663	0,719	0,776	0,833	0,897	0,962
29	0,525	0,582	0,632	0,682	0,741	0,800	0,860	0,926	0,991
30	—	0,599	0,650	0,700	0,763	0,826	0,888	0,954	1,023
31	—	—	—	—	—	—	0,916	0,983	1,052
32	—	—	—	—	—	—	—	1,014	1,085

Scheitel-höhe	Durchmesser des berindeten Stammes in 1,3 m Meßhöhe: cm								
m	31	32	33	34	35	36	37	38	39
	Festmeter								
14	0,642	0,688	0,732	—	—	—	—	—	—
15	0,602	0,710	0,758	0,802	0,847	—	—	—	—
16	0,686	0,735	0,784	0,829	0,879	0,934	0,986	—	—
17	0,712	0,762	0,812	0,860	0,911	0,970	1,026	1,064	1,145
18	0,740	0,789	0,840	0,890	0,946	1,005	1,064	1,128	1,191
19	0,767	0,817	0,870	0,923	0,983	1,042	1,105	1,169	1,235
20	0,794	0,847	0,903	0,959	1,020	1,081	1,148	1,213	1,281
21	0,820	0,877	0,938	0,993	1,059	1,120	1,190	1,258	1,328
22	0,849	0,908	0,970	1,028	1,094	1,160	1,230	1,300	1,374
23	0,877	0,940	1,003	1,064	1,132	1,200	1,272	1,346	1,422
24	0,907	0,971	1,037	1,100	1,168	1,242	1,307	1,391	1,469
25	0,937	1,001	1,071	1,137	1,204	1,284	1,358	1,436	1,514
26	0,966	1,032	1,104	1,174	1,243	1,324	1,403	1,480	1,562
27	0,999	1,067	1,139	1,212	1,284	1,366	1,448	1,525	1,610
28	1,032	1,102	1,175	1,250	1,325	1,407	1,490	1,570	1,659
29	1,065	1,138	1,212	1,288	1,365	1,451	1,534	1,615	1,709
30	1,097	1,174	1,250	1,329	1,406	1,495	1,578	1,662	1,759
31	1,131	1,210	1,287	1,370	1,446	1,538	1,620	1,708	1,807
32	1,166	1,246	1,324	1,409	1,486	1,579	1,663	1,755	1,856
33	—	—	1,361	1,449	1,525	1,620	1,707	1,800	1,904
34	—	—	—	1,488	1,565	1,661	1,750	1,845	1,952

b) Baum-Maſſentafel.
Tabelle VI.
Altersklaſſe über 80 Jahre.

Scheitel-höhe m	Durchmeſſer des berindeten Stammes in 1,3 m Meßhöhe: cm								
	40	41	42	43	44	45	46	47	48
	Feſtmeter								
18	1,247	1,318	1,384	—	—	—	—	—	—
19	1,296	1,369	1,435	1,514	1,580	1,659	—	—	—
20	1,345	1,420	1,486	1,569	1,638	1,718	1,778	—	—
21	1,397	1,470	1,540	1,624	1,694	1,778	1,842	1,936	—
22	1,445	1,520	1,593	1,680	1,750	1,838	1,910	2,004	2,090
23	1,497	1,570	1,642	1,735	1,808	1,900	1,978	2,072	2,162
24	1,546	1,620	1,696	1,790	1,866	1,960	2,041	2,142	2,235
25	1,596	1,671	1,749	1,843	1,926	2,021	2,111	2,211	2,308
26	1,644	1,722	1,803	1,899	1,988	2,084	2,179	2,280	2,392
27	1,695	1,773	1,860	1,957	2,048	2,150	2,248	2,351	2,456
28	1,745	1,824	1,916	2,012	2,108	2,214	2,317	2,420	2,532
29	1,795	1,877	1,974	2,070	2,170	2,280	2,395	2,491	2,603
30	1,847	1,930	2,032	2,128	2,233	2,344	2,455	2,563	2,678
31	1,898	1,982	2,092	2,186	2,299	2,412	2,525	2,635	2,747
32	1,948	2,035	2,150	2,246	2,370	2,482	2,593	2,707	2,820
33	2,000	2,085	2,209	2,305	2,434	2,549	2,665	2,792	2,890
34	2,054	2,136	2,269	2,365	2,496	2,613	2,735	2,855	2,961
35	—	2,187	2,329	2,422	2,559	2,683	2,805	2,929	3,032
36	—	—	—	2,480	2,627	2,752	2,877	3,000	3,113

Scheitel-höhe m	Durchmeſſer des berindeten Stammes in 1,3 m Meßhöhe: cm								
	49	50	51	52	53	54	55	56	57
	Feſtmeter								
22	2,193	2,284	2,371	2,460	2,541	2,647	2,783	2,921	3,080
23	2,269	2,359	2,450	2,542	2,630	2,740	2,876	3,016	3,182
24	2,341	2,435	2,530	2,624	2,718	2,834	2,969	3,111	3,280
25	2,415	2,513	2,610	2,707	2,807	2,926	3,063	3,209	3,378
26	2,489	2,590	2,691	2,792	2,896	3,018	3,155	3,304	3,476
27	2,563	2,667	2,770	2,877	2,986	3,110	3,250	3,402	3,573
28	2,639	2,744	2,851	2,964	3,078	3,203	3,344	3,500	3,673
29	2,713	2,823	2,932	3,047	3,167	3,293	3,438	3,597	3,772
30	2,790	2,902	3,015	3,134	3,259	3,385	3,530	3,694	3,873
31	2,867	2,982	3,098	3,222	3,352	3,479	3,625	3,794	3,975
32	2,942	3,062	3,180	3,318	3,443	3,572	3,723	3,894	4,079
33	3,020	3,142	3,263	3,397	3,536	3,666	3,822	3,994	4,184
34	3,097	3,222	3,347	3,484	3,628	3,760	3,920	4,095	4,288
35	3,175	3,303	3,431	3,572	3,720	3,857	4,017	4,195	4,392
36	3,250	3,384	3,514	3,658	3,810	3,955	4,115	4,297	4,495
37	—	—	—	—	—	—	4,215	4,400	4,597
38	—	—	—	—	—	—	4,315	4,500	4,698

4. Weißtanne

bearbeitet

von

Oberforstrat **Schuberg**.

Tabelle VII.

a) Derbholz-Massentafel.
Altersklasse 41 bis 80 Jahre.

Scheitel-höhe m	Durchmesser des berindeten Stammes in 1,3 m Meßhöhe: cm													
	7	8	9	10	11	12	13	14	15	16	17	18	19	20
	Festmeter													
5	0,003	0,005	0,008	—	—	—	—	—	—	—	—	—	—	—
6	0,005	0,007	0,011	—	—	—	—	—	—	—	—	—	—	—
7	0,007	0,010	0,015	—	—	—	—	—	—	—	—	—	—	—
8	0,009	0,013	0,020	0,029	0,037	0,045	0,054	0,063	—	—	—	—	—	—
9	0,011	0,017	0,025	0,034	0,043	0,052	0,061	0,071	0,081	0,092	0,104	0,116	—	—
10	0,014	0,021	0,029	0,038	0,048	0,058	0,068	0,079	0,091	0,103	0,116	0,129	—	—
11	0,017	0,025	0,034	0,044	0,054	0,065	0,076	0,088	0,101	0,114	0,128	0,142	0,156	0,171
12	0,020	0,029	0,038	0,048	0,059	0,071	0,084	0,097	0,111	0,126	0,141	0,156	0,172	0,188
13	0,023	0,032	0,042	0,053	0,064	0,077	0,091	0,106	0,122	0,138	0,154	0,171	0,188	0,205
14	0,026	0,036	0,047	0,058	0,070	0,083	0,098	0,115	0,132	0,150	0,168	0,186	0,204	0,223
15	—	—	0,052	0,063	0,076	0,090	0,106	0,124	0,143	0,162	0,181	0,201	0,221	0,242
16	—	—	0,056	0,068	0,082	0,097	0,115	0,134	0,154	0,174	0,195	0,216	0,238	0,261
17	—	—	—	0,072	0,088	0,105	0,124	0,144	0,165	0,186	0,208	0,231	0,255	0,280
18	—	—	—	0,077	0,094	0,113	0,132	0,153	0,176	0,199	0,222	0,246	0,272	0,299
19	—	—	—	0,082	0,099	0,119	0,139	0,162	0,187	0,211	0,236	0,262	0,290	0,319
20	—	—	—	—	0,104	0,125	0,147	0,171	0,197	0,223	0,250	0,278	0,308	0,339
21	—	—	—	—	0,108	0,131	0,154	0,179	0,206	0,234	0,263	0,294	0,325	0,358
22	—	—	—	—	—	0,137	0,161	0,187	0,215	0,244	0,275	0,308	0,341	0,375
23	—	—	—	—	—	—	—	—	0,225	0,255	0,287	0,322	0,357	0,392
24	—	—	—	—	—	—	—	—	—	0,266	0,300	0,336	0,372	0,409
25	—	—	—	—	—	—	—	—	—	—	—	0,350	0,387	0,427

Scheitel-höhe m	Durchmesser des berindeten Stammes in 1,3 m Meßhöhe: cm												
	21	22	23	24	25	26	27	28	29	30	31	32	33
	Festmeter												
12	0,205	—	—	—	—	—	—	—	—	—	—	—	—
13	0,223	0,243	0,264	0,287	—	—	—	—	—	—	—	—	—
14	0,242	0,263	0,286	0,310	0,333	—	—	—	—	—	—	—	—
15	0,263	0,285	0,300	0,334	0,360	0,386	0,415	0,446	0,478	0,511	—	—	—
16	0,284	0,308	0,334	0,360	0,387	0,416	0,446	0,478	0,511	0,545	0,582	—	—
17	0,305	0,332	0,360	0,388	0,416	0,447	0,479	0,512	0,546	0,581	0,620	0,660	—
18	0,327	0,356	0,386	0,416	0,446	0,478	0,511	0,545	0,580	0,619	0,660	0,703	0,748
19	0,349	0,380	0,411	0,443	0,475	0,508	0,543	0,579	0,617	0,659	0,702	0,748	0,794
20	0,371	0,404	0,437	0,470	0,504	0,540	0,577	0,616	0,656	0,700	0,745	0,792	0,840
21	0,392	0,427	0,462	0,497	0,534	0,573	0,612	0,653	0,695	0,740	0,787	0,835	0,885
22	0,411	0,448	0,488	0,524	0,564	0,604	0,646	0,689	0,734	0,780	0,829	0,879	0,931
23	0,430	0,469	0,509	0,549	0,591	0,634	0,680	0,726	0,773	0,822	0,872	0,924	0,978
24	0,449	0,490	0,532	0,574	0,618	0,663	0,712	0,762	0,813	0,864	0,916	0,970	1,027
25	0,468	0,511	0,555	0,599	0,645	0,692	0,744	0,797	0,852	0,906	0,960	1,017	1,076
26	—	—	0,578	0,623	0,671	0,722	0,777	0,833	0,890	0,947	1,004	1,063	1,124
27	—	—	—	—	—	0,753	0,811	0,869	0,928	0,987	1,046	1,107	1,171
28	—	—	—	—	—	—	—	—	0,968	1,028	1,088	1,150	1,216
29	—	—	—	—	—	—	—	—	—	1,070	1,129	1,193	1,260
30	—	—	—	—	—	—	—	—	—	—	1,169	1,235	1,303
31	—	—	—	—	—	—	—	—	—	—	—	1,276	1,346
32	—	—	—	—	—	—	—	—	—	—	—	—	1,388

a) Derbholz=Maſſentafel.
Tabelle VII.

Altersklaſſe 41 bis 80 Jahre.

Scheitelhöhe m	Durchmeſſer des berindeten Stammes in 1,3 m Meßhöhe: cm											
	34	35	36	37	38	39	40	41	42	43	44	45
	Feſtmeter											
19	0,841	0,888	—	—	—	—	—	—	—	—	—	—
20	0,888	0,936	0,985	—	—	—	—	—	—	—	—	—
21	0,935	0,985	1,036	1,089	—	—	—	—	—	—	—	—
22	0,982	1,035	1,089	1,145	1,202	1,260	—	—	—	—	—	—
23	1,032	1,088	1,144	1,202	1,260	1,320	1,381	1,444	—	—	—	—
24	1,084	1,142	1,200	1,259	1,318	1,380	1,444	1,510	1,577	1,645	—	—
25	1,136	1,196	1,256	1,316	1,377	1,441	1,507	1,575	1,643	1,712	1,782	—
26	1,186	1,249	1,311	1,373	1,436	1,502	1,570	1,640	1,710	1,781	1,853	—
27	1,235	1,300	1,365	1,430	1,496	1,563	1,633	1,705	1,777	1,850	1,925	2,002
28	1,283	1,350	1,417	1,486	1,555	1,625	1,697	1,770	1,845	1,921	1,998	2,075
29	1,329	1,399	1,470	1,541	1,613	1,686	1,760	1,836	1,914	1,993	2,071	2,150
30	1,375	1,448	1,522	1,596	1,671	1,746	1,823	1,902	1,983	2,064	2,145	2,226
31	1,420	1,496	1,573	1,650	1,728	1,806	1,886	1,968	2,051	2,134	2,218	2,303
32	1,465	1,544	1,624	1,704	1,785	1,866	1,948	2,032	2,117	2,203	2,291	2,380
33	—	—	1,675	1,758	1,842	1,925	2,009	2,096	2,185	2,273	2,364	2,457
34	—	—	—	—	—	1,984	2,070	2,159	2,251	2,344	2,438	2,535
35	—	—	—	—	—	—	—	—	2,416	2,512	2,612

Altersklaſſe 81 bis 120 Jahre.

Scheitelhöhe m	Durchmeſſer des berindeten Stammes in 1,3 m Meßhöhe: cm													
	7	8	9	10	11	12	13	14	15	16	17	18	19	20
	Feſtmeter													
7	0,009	0,014	0,020	—	—	—	—	—	—	—	—	—	—	—
8	0,011	0,017	0,024	—	—	—	—	—	—	—	—	—	—	—
9	0,013	0,020	0,028	0,036	0,045	0,055	—	—	—	—	—	—	—	—
10	0,016	0,024	0,032	0,041	0,050	0,061	0,072	0,084	—	—	—	—	—	—
11	0,019	0,027	0,036	0,045	0,055	0,066	0,078	0,091	0,104	0,118	0,133	0,149	—	—
12	0,022	0,031	0,040	0,050	0,060	0,072	0,085	0,099	0,114	0,129	0,145	0,163	0,181	0,200
13	0,025	0,034	0,044	0,054	0,066	0,078	0,092	0,108	0,124	0,141	0,158	0,177	0,196	0,216
14	0,028	0,038	0,048	0,059	0,072	0,085	0,100	0,117	0,135	0,153	0,171	0,190	0,211	0,233
15	0,031	0,041	0,052	0,064	0,077	0,092	0,108	0,127	0,146	0,165	0,185	0,205	0,228	0,250
16	—	0,045	0,056	0,068	0,083	0,099	0,117	0,136	0,157	0,177	0,199	0,221	0,244	0,268
17	—	—	0,060	0,072	0,088	0,106	0,126	0,146	0,167	0,189	0,212	0,236	0,260	0,286
18	—	—	—	0,076	0,093	0,113	0,133	0,154	0,177	0,201	0,226	0,251	0,277	0,305
19	—	—	—	—	0,099	0,119	0,140	0,163	0,188	0,214	0,240	0,267	0,295	0,324
20	—	—	—	—	—	0,147	0,172	0,199	0,226	0,254	0,283	0,312	0,343
21	—	—	—	—	—	—	0,181	0,209	0,238	0,268	0,299	0,330	0,363
22	—	—	—	—	—	—	—	0,250	0,282	0,315	0,348	0,383
23	—	—	—	—	—	—	—	0,263	0,297	0,331	0,367	0,404
24	—	—	—	—	—	—	—	—	0,312	0,348	0,386	0,425
25	—	—	—	—	—	—	—	—	—	0,406	0,446
26	—	—	—	—	—	—	—	—	—	—	0,467

Tabelle VII.

a) Derbholz-Massentafel.
Altersklasse 81 bis 120 Jahre.

Scheitelhöhe m	Durchmesser des berindeten Stammes in 1,3 m Meßhöhe: cm														
	21	22	23	24	25	26	27	28	29	30	31	32	33	34	35
	Festmeter														
13	0,237	0,259	0,282	0,305	—	—	—	—	—	—	—	—	—	—	—
14	0,256	0,279	0,304	0,328	0,354	—	—	—	—	—	—	—	—	—	—
15	0,274	0,300	0,326	0,352	0,380	0,409	0,438	0,470	0,503	0,535	—	—	—	—	—
16	0,294	0,321	0,348	0,377	0,407	0,437	0,469	0,503	0,537	0,570	0,603	—	—	—	—
17	0,314	0,342	0,371	0,402	0,434	0,466	0,500	0,536	0,572	0,607	0,643	0,679	0,717	—	—
18	0,334	0,364	0,395	0,428	0,461	0,495	0,531	0,569	0,607	0,645	0,683	0,722	0,763	0,805	0,848
19	0,355	0,387	0,420	0,454	0,489	0,525	0,563	0,603	0,644	0,684	0,724	0,766	0,809	0,853	0,898
20	0,376	0,410	0,444	0,480	0,517	0,555	0,595	0,638	0,681	0,724	0,767	0,810	0,855	0,902	0,950
21	0,398	0,433	0,469	0,507	0,545	0,585	0,628	0,673	0,718	0,764	0,810	0,855	0,902	0,951	1,002
22	0,420	0,456	0,494	0,534	0,574	0,616	0,660	0,707	0,755	0,804	0,852	0,900	0,949	1,000	1,053
23	0,442	0,480	0,519	0,561	0,603	0,646	0,693	0,743	0,794	0,844	0,895	0,946	0,997	1,050	1,105
24	0,464	0,503	0,544	0,588	0,632	0,677	0,727	0,779	0,832	0,885	0,939	0,992	1,046	1,101	1,157
25	0,486	0,526	0,569	0,615	0,662	0,709	0,760	0,814	0,870	0,926	0,982	1,038	1,095	1,152	1,210
26	0,507	0,548	0,593	0,641	0,691	0,741	0,794	0,850	0,908	0,967	1,026	1,085	1,144	1,203	1,263
27	—	0,570	0,617	0,667	0,720	0,773	0,828	0,886	0,946	1,007	1,069	1,130	1,192	1,254	1,317
28	—	—	0,641	0,693	0,748	0,804	0,862	0,922	0,984	1,047	1,112	1,176	1,240	1,305	1,372
29	—	—	—	0,718	0,775	0,834	0,895	0,957	1,021	1,086	1,154	1,222	1,289	1,357	1,426
30	—	—	—	—	0,801	0,863	0,927	0,992	1,058	1,125	1,195	1,267	1,338	1,409	1,480
31	—	—	—	—	—	—	—	—	1,094	1,163	1,236	1,311	1,386	1,461	1,535
32	—	—	—	—	—	—	—	—	—	1,200	1,276	1,354	1,433	1,511	1,589
33	—	—	—	—	—	—	—	—	—	—	—	1,480	1,561	1,642	
34	—	—	—	—	—	—	—	—	—	—	—	—	—	1,696	

Scheitelhöhe m	Durchmesser des berindeten Stammes in 1,3 m Meßhöhe: cm														
	36	37	38	39	40	41	42	43	44	45	46	47	48	49	50
	Festmeter														
19	0,944	0,991	1,037	1,084	—	—	—	—	—	—	—	—	—	—	—
20	0,998	1,047	1,096	1,146	—	—	—	—	—	—	—	—	—	—	—
21	1,052	1,103	1,155	1,208	1,264	1,322	1,381	1,442	1,505	1,569	1,634	1,700	1,769	1,839	1,912
22	1,106	1,160	1,214	1,270	1,327	1,386	1,447	1,510	1,574	1,641	1,710	1,780	1,852	1,929	2,006
23	1,160	1,217	1,274	1,332	1,391	1,452	1,514	1,578	1,644	1,714	1,787	1,861	1,937	2,017	2,099
24	1,215	1,274	1,334	1,394	1,455	1,518	1,581	1,649	1,716	1,789	1,864	1,942	2,023	2,107	2,194
25	1,270	1,331	1,393	1,456	1,519	1,583	1,649	1,718	1,790	1,865	1,943	2,024	2,109	2,197	2,290
26	1,326	1,389	1,453	1,519	1,584	1,650	1,719	1,791	1,866	1,944	2,026	2,110	2,198	2,290	2,386
27	1,382	1,448	1,514	1,582	1,650	1,718	1,790	1,865	1,943	2,025	2,110	2,198	2,290	2,385	2,483
28	1,439	1,507	1,576	1,646	1,717	1,787	1,861	1,940	2,021	2,107	2,195	2,288	2,383	2,481	2,581
29	1,496	1,567	1,638	1,710	1,784	1,857	1,934	2,016	2,101	2,190	2,282	2,378	2,476	2,577	2,680
30	1,553	1,626	1,700	1,775	1,852	1,929	2,009	2,094	2,183	2,275	2,370	2,469	2,570	2,673	2,779
31	1,610	1,685	1,762	1,840	1,920	2,001	2,086	2,174	2,265	2,360	2,458	2,560	2,664	2,770	2,878
32	1,666	1,744	1,823	1,905	1,990	2,075	2,164	2,255	2,350	2,447	2,548	2,652	2,758	2,866	2,976
33	1,722	1,803	1,885	1,971	2,060	2,150	2,242	2,337	2,435	2,535	2,638	2,744	2,852	2,962	3,074
34	1,779	1,862	1,947	2,036	2,128	2,223	2,319	2,418	2,519	2,622	2,727	2,834	2,945	3,058	3,172
35	—	—	—	—	—	—	—	—	—	—	2,816	2,924	3,038	3,154	3,270

Tabelle VII.

a) Derbholz-Massentafel.

Altersklasse 81 bis 120 Jahre.

Scheitelhöhe m	Durchmesser des berindeten Stammes in 1,3 m Meßhöhe: cm														
	51	52	53	54	55	56	57	58	59	60	61	62	63	64	65
	Festmeter														
23	2,184	—	—	—	—	—	—	—	—	—	—	—	—	—	—
24	2,283	—	—	—	—	—	—	—	—	—	—	—	—	—	—
25	2,382	2,480	2,578	2,677	2,777	—	—	—	—	—	—	—	—	—	—
26	2,482	2,581	2,681	2,781	2,881	2,982	3,082	3,182	—	—	—	—	—	—	—
27	2,583	2,684	2,785	2,886	2,987	3,089	3,191	3,292	3,393	3,496	3,601	3,708	3,817	—	—
28	2,684	2,787	2,890	2,993	3,097	3,201	3,306	3,411	3,517	3,625	3,734	3,845	3,958	4,075	4,195
29	2,785	2,890	2,996	3,102	3,208	3,315	3,423	3,533	3,643	3,754	3,867	3,982	4,099	4,219	4,340
30	2,887	2,994	3,103	3,212	3,322	3,433	3,544	3,656	3,769	3,884	4,001	4,119	4,240	4,362	4,485
31	2,989	3,100	3,212	3,325	3,438	3,551	3,665	3,780	3,897	4,015	4,135	4,258	4,381	4,506	4,632
32	3,090	3,204	3,320	3,436	3,552	3,669	3,787	3,906	4,026	4,148	4,271	4,397	4,523	4,651	4,781
33	3,190	3,306	3,426	3,546	3,666	3,786	3,908	4,031	4,155	4,280	4,407	4,535	4,665	4,797	4,931
34	3,290	3,408	3,529	3,652	3,774	3,898	4,023	4,150	4,270	4,410	4,540	4,672	4,807	4,943	5,081
35	3,389	3,510	3,632	3,756	3,881	4,008	4,136	4,266	4,399	4,535	4,672	4,809	4,948	5,088	5,230
36	—	—	—	—	4,116	4,247	4,381	4,518	4,659	4,802	4,945	5,089	5,233	5,379	—
37	—	—	—	—	—	—	—	4,638	4,782	4,930	5,079	5,228	5,377	5,527	—

Scheitelhöhe m	Durchmesser des berindeten Stammes in 1,3 m Meßhöhe: cm														
	66	67	68	69	70	71	72	73	74	75	76	77	78	79	80
	Festmeter														
28	4,316	—	—	—	—	—	—	—	—	—	—	—	—	—	—
29	4,462	4,584	4,705	4,827	4,950	—	—	—	—	—	—	—	—	—	—
30	4,610	4,736	4,862	4,988	5,114	5,242	5,370	5,498	5,627	5,756	—	—	—	—	—
31	4,760	4,889	5,019	5,150	5,281	5,413	5,546	5,679	5,813	5,946	6,079	6,213	6,346	6,477	6,607
32	4,912	5,045	5,180	5,316	5,451	5,587	5,724	5,862	6,000	6,138	6,275	6,414	6,550	6,686	6,821
33	5,066	5,203	5,342	5,482	5,622	5,763	5,904	6,046	6,188	6,331	6,473	6,614	6,755	6,895	7,035
34	5,220	5,362	5,505	5,649	5,794	5,939	6,084	6,230	6,376	6,523	6,670	6,815	6,960	7,104	7,249
35	5,374	5,520	5,668	5,816	5,965	6,114	6,264	6,413	6,563	6,714	6,865	7,016	7,165	7,313	7,462
36	5,527	5,678	5,830	5,982	6,135	6,289	6,443	6,596	6,750	6,904	7,060	7,215	7,369	7,522	7,675
37	5,680	5,835	5,991	6,148	6,305	6,463	6,621	6,779	6,937	7,095	7,255	7,414	7,573	7,730	7,887
38	5,833	5,992	6,152	6,313	6,475	6,637	6,799	6,961	7,124	7,285	7,450	7,614	7,776	7,938	8,099
39	—	—	—	—	6,810	6,976	7,143	7,310	7,476	7,645	7,814	7,980	8,146	8,311	—

Tabelle VII.

a) Derbholz-Massentafel.

Altersklasse 81 bis 120 Jahre.

Scheitelhöhe m	Durchmesser des berindeten Stammes in 1,3 m Meßhöhe: cm									
	81	82	83	84	85	86	87	88	89	90
	Festmeter									
31	6,737	6,866	6,995	7,125	7,255	7,385	7,514	7,642	7,771	7,900
32	6,955	7,088	7,221	7,355	7,489	7,622	7,755	7,888	8,021	8,154
33	7,173	7,310	7,448	7,585	7,723	7,860	7,998	8,135	8,272	8,409
34	7,392	7,534	7,675	7,816	7,958	8,099	8,240	8,382	8,523	8,664
35	7,610	7,756	7,801	8,046	8,192	8,338	8,483	8,628	8,774	8,919
36	7,827	7,977	8,027	8,277	8,427	8,577	8,726	8,875	9,024	9,173
37	8,043	8,198	8,353	8,507	8,661	8,815	8,968	9,121	9,274	9,427
38	8,259	8,418	8,577	8,735	8,893	9,051	9,208	9,366	9,523	9,681
39	8,475	8,638	8,800	8,962	9,123	9,285	9,447	9,609	9,771	9,932
40	—	—	—.	—	9,352	9,518	9,684	9,850	10,015	10,180

Altersklasse über 120 Jahre.

Scheitelhöhe m	Durchmesser des berindeten Stammes in 1,3 m Meßhöhe: cm									
	11	12	13	14	15	16	17	18	19	20
	Festmeter									
11	0,059	0,071	0,083	0,097	0,111	0,125	0,139	0,154	—	—
12	0,065	0,078	0,091	0,106	0,121	0,137	0,152	0,168	0,186	0,206
13	0,071	0,085	0,099	0,115	0,132	0,149	0,166	0,183	0,203	0,224
14	0,077	0,092	0,107	0,125	0,143	0,161	0,179	0,198	0,219	0,241
15	0,083	0,099	0,116	0,135	0,154	0,173	0,193	0,213	0,235	0,259
16	0,089	0,107	0,125	0,145	0,165	0,185	0,206	0,228	0,251	0,277
17	0,096	0,114	0,134	0,155	0,176	0,197	0,219	0,242	0,268	0,295
18	0,102	0,122	0,144	0,165	0,187	0,209	0,232	0,257	0,284	0,313
19	—	—	0,154	0,175	0,198	0,221	0,245	0,271	0 301	0,332
20	—	—	—	0,186	0,209	0,233	0,258	0,286	0,318	0,351
21	—	—	—	—	—	0,245	0,272	0,301	0,334	0,370
22	—	—	—	—	—	—	—	0,315	0,351	0,389
23	—	—	—	—	—	—	—	—	0,368	0,408
24	—	—	—	—	—	—	—	—	—	0,427

a) Derbholz-Massentafel.
Altersklasse über 120 Jahre.

Tabelle VII.

Bestandes-höhe m	Durchmesser des berindeten Stammes in 1,3 m Meßhöhe: cm														
	21	22	23	24	25	26	27	28	29	30	31	32	33	34	35
	Festmeter														
13	0,246	0,268	0,290	0,313	0,338	0,364	0,392	0,421	—	—	—	—	—	—	—
14	0,264	0,288	0,313	0,339	0,367	0,396	0,425	0,454	0,485	0,517	0,549	0,582	0,616	—	—
15	0,284	0,310	0,337	0,365	0,395	0,426	0,457	0,489	0,522	0,556	0,591	0,627	0,664	—	—
16	0,304	0,332	0,361	0,391	0,423	0,457	0,490	0,524	0,559	0,595	0,632	0,671	0,712	0,755	—
17	0,324	0,354	0,385	0,417	0,451	0,487	0,522	0,559	0,596	0,635	0,675	0,717	0,760	0,805	0,853
18	0,344	0,376	0,409	0,443	0,480	0,518	0,555	0,594	0,634	0,675	0,717	0,761	0,807	0,854	0,903
19	0,365	0,399	0,434	0,471	0,510	0,550	0,589	0,630	0,672	0,715	0,760	0,806	0,853	0,903	0,955
20	0,386	0,422	0,459	0,498	0,539	0,580	0,621	0,665	0,710	0,756	0,804	0,853	0,903	0,955	1,009
21	0,407	0,445	0,484	0,525	0,567	0,610	0,654	0,700	0,747	0,796	0,847	0,899	0,953	1,008	1,064
22	0,429	0,468	0,508	0,551	0,596	0,641	0,686	0,734	0,783	0,834	0,890	0,945	1,001	1,058	1,117
23	0,449	0,490	0,532	0,576	0,623	0,670	0,717	0,767	0,819	0,873	0,930	0,988	1,047	1,107	1,168
24	0,470	0,512	0,555	0,606	0,650	0,700	0,749	0,801	0,855	0,911	0,970	1,030	1,092	1,154	1,218
25	—	0,533	0,577	0,626	0,677	0,728	0,780	0,834	0,890	0,949	1,010	1,072	1,136	1,201	1,267
26	—	—	0,600	0,650	0,703	0,757	0,810	0,866	0,925	0,986	1,050	1,115	1,181	1,248	1,317
27	—	—	0,622	0,674	0,729	0,785	0,840	0,899	0,960	1,023	1,089	1,156	1,225	1,295	1,366
28	—	—	—	—	0,756	0,812	0,869	0,931	0,994	1,059	1,127	1,197	1,268	1,341	1,416
29	—	—	—	—	—	—	0,897	0,960	1,025	1,093	1,164	1,237	1,311	1,387	1,465
30	—	—	—	—	—	—	—	—	—	—	1,201	1,276	1,353	1,432	1,513
31	—	—	—	—	—	—	—	—	—	—	1,238	1,316	1,395	1,476	1,560
32	—	—	—	—	—	—	—	—	—	—	—	—	1,436	1,520	1,605
33	—	—	—	—	—	—	—	—	—	—	—	—	1,475	1,561	1,648
34	—	—	—	—	—	—	—	—	—	—	—	—	1,510	1,598	1,688

Bestandes-höhe m	Durchmesser des berindeten Stammes in 1,3 m Meßhöhe: cm														
	36	37	38	39	40	41	42	43	44	45	46	47	48	49	50
	Festmeter														
19	1,009	1,065	—	—	—	—	—	—	—	—	—	—	—	—	—
20	1,065	1,122	1,180	1,239	1,300	—	—	—	—	—	—	—	—	—	—
21	1,121	1,180	1,240	1,301	1,363	1,426	1,490	1,556	1,623	1,690	1,759	1,830	1,903	1,977	2,052
22	1,176	1,237	1,299	1,363	1,428	1,494	1,561	1,629	1,699	1,770	1,842	1,916	1,991	2,067	2,144
23	1,230	1,294	1,359	1,425	1,492	1,561	1,631	1,703	1,776	1,850	1,925	2,002	2,079	2,157	2,236
24	1,283	1,350	1,418	1,487	1,557	1,628	1,701	1,776	1,852	1,930	2,008	2,088	2,168	2,250	2,332
25	1,335	1,405	1,476	1,548	1,621	1,695	1,771	1,849	1,929	2,010	2,092	2,175	2,259	2,344	2,430
26	1,388	1,461	1,535	1,610	1,686	1,763	1,842	1,923	2,006	2,090	2,175	2,262	2,350	2,439	2,529
27	1,440	1,516	1,593	1,671	1,750	1,830	1,913	1,998	2,084	2,171	2,260	2,350	2,441	2,533	2,626
28	1,493	1,571	1,651	1,732	1,814	1,898	1,984	2,072	2,161	2,251	2,343	2,437	2,532	2,628	2,725
29	1,545	1,626	1,709	1,793	1,876	1,965	2,054	2,145	2,237	2,331	2,427	2,524	2,622	2,722	2,822
30	1,596	1,680	1,766	1,853	1,941	2,030	2,122	2,216	2,312	2,409	2,508	2,608	2,710	2,813	2,917
31	1,645	1,732	1,820	1,909	2,000	2,093	2,188	2,284	2,382	2,482	2,584	2,689	2,795	2,902	3,010
32	1,692	1,781	1,871	1,962	2,055	2,150	2,247	2,347	2,449	2,553	2,659	2,768	2,878	2,990	3,102
33	1,737	1,827	1,919	2,012	2,107	2,204	2,304	2,407	2,513	2,622	2,733	2,846	2,960	3,075	3,191
34	1,779	1,871	1,964	2,059	2,157	2,257	2,360	2,466	2,577	2,688	2,802	2,917	3,034	3,152	3,272
35	—	1,913	2,007	2,104	2,204	2,308	2,415	2,525	2,637	2,751	2,867	2,984	3,103	3,224	3,348
36	—	—	—	2,145	2,248	2,355	2,465	2,578	2,692	2,809	2,928	3,048	3,170	3,295	3,423
37	—	—	—	2,184	2,290	2,400	2,513	2,628	2,745	2,864	2,985	3,108	3,234	3,364	3,496
38	—	—	—	—	—	—	—	—	—	2,918	3,041	3,167	3,297	3,431	3,567

Tabelle VII.

a) Derbholz-Massentafel.
Altersklasse über 120 Jahre.

Scheitelhöhe m	Durchmesser des berindeten Stammes in 1,3 m Meßhöhe: cm														
	51	52	53	54	55	56	57	58	59	60	61	62	63	64	65
	Festmeter														
23	2,316	2,397	2,479	2,562	2,644	2,728	2,813	2,899	2,987	3,076	3,166	3,257	3,350	—	—
24	2,416	2,500	2,586	2,672	2,759	2,847	2,936	3,026	3,117	3,209	3,303	3,398	3,495	3,593	3,693
25	2,517	2,605	2,694	2,784	2,874	2,965	3,058	3,152	3,247	3,343	3,441	3,541	3,642	3,745	3,850
26	2,619	2,710	2,803	2,897	2,991	3,086	3,182	3,279	3,378	3,478	3,580	3,683	3,787	3,893	4,001
27	2,721	2,816	2,912	3,009	3,107	3,206	3,306	3,407	3,509	3,613	3,719	3,826	3,934	4,044	4,156
28	2,823	2,921	3,021	3,122	3,223	3,325	3,429	3,534	3,640	3,748	3,857	3,968	4,081	4,196	4,312
29	2,923	3,025	3,128	3,232	3,338	3,444	3,551	3,660	3,771	3,883	3,997	4,112	4,230	4,350	4,471
30	3,022	3,128	3,235	3,343	3,452	3,562	3,673	3,786	3,901	4,017	4,135	4,255	4,379	4,503	4,628
31	3,119	3,229	3,340	3,452	3,566	3,681	3,796	3,912	4,030	4,150	4,272	4,397	4,525	4,654	4,784
32	3,215	3,329	3,444	3,561	3,679	3,798	3,918	4,039	4,160	4,283	4,409	4,539	4,671	4,805	4,940
33	3,309	3,428	3,548	3,669	3,791	3,914	4,038	4,163	4,290	4,418	4,548	4,681	4,817	4,956	5,095
34	3,395	3,519	3,644	3,770	3,897	4,025	4,155	4,286	4,418	4,551	4,686	4,823	4,963	5,106	5,250
35	3,475	3,603	3,733	3,864	3,997	4,131	4,267	4,404	4,542	4,681	4,822	4,965	5,109	5,256	5,405
36	3,554	3,687	3,822	3,958	4,097	4,237	4,379	4,522	4,666	4,811	4,958	5,106	5,255	5,406	5,558
37	3,631	3,769	3,909	4,051	4,195	4,340	4,488	4,637	4,786	4,937	5,089	5,242	5,397	5,552	5,708
38	3,706	3,848	3,993	4,141	4,291	4,442	4,595	4,750	4,905	5,062	5,219	5,377	5,537	5,697	5,858
39	3,778	3,926	4,077	4,231	4,387	4,544	4,702	4,862	5,023	5,185	5,348	5,512	5,677	5,842	6,008

Scheitelhöhe m	Durchmesser des berindeten Stammes in 1,3 m Meßhöhe: cm														
	66	67	68	69	70	71	72	73	74	75	76	77	78	79	80
	Festmeter														
25	3,958	4,068	4,180	—	—	—	—	—	—	—	—	—	—	—	—
26	4,112	4,225	4,340	4,458	4,578	4,690	—	—	—	—	—	—	—	—	—
27	4,270	4,386	4,503	4,622	4,743	4,866	4,990	5,115	5,242	5,370	—	—	—	—	—
28	4,436	4,549	4,670	4,792	4,916	5,041	5,168	5,296	5,426	5,557	5,688	5,820	5,933	6,087	6,222
29	4,592	4,715	4,839	4,964	5,091	5,220	5,351	5,483	5,616	5,750	5,885	6,021	6,157	6,294	6,432
30	4,754	4,882	5,010	5,139	5,270	5,404	5,540	5,675	5,812	5,950	6,088	6,227	6,367	6,508	6,650
31	4,915	5,047	5,180	5,314	5,450	5,588	5,728	5,868	6,008	6,150	6,292	6,435	6,579	6,724	6,870
32	5,075	5,212	5,350	5,489	5,630	5,772	5,915	6,059	6,204	6,350	6,496	6,643	6,791	6,941	7,091
33	5,235	5,377	5,520	5,664	5,809	5,955	6,102	6,249	6,398	6,548	6,699	6,851	7,004	7,158	7,313
34	5,395	5,541	5,688	5,836	5,985	6,135	6,286	6,438	6,591	6,745	6,900	7,057	7,114	7,372	7,532
35	5,554	5,704	5,855	6,007	6,160	6,314	6,469	6,625	6,782	6,940	7,099	7,260	7,422	7,585	7,749
36	5,711	5,865	6,020	6,176	6,333	6,491	6,650	6,810	6,971	7,134	7,297	7,461	7,627	7,795	7,964
37	5,866	6,025	6,185	6,345	6,506	6,668	6,831	6,995	7,160	7,326	7,493	7,661	7,831	8,003	8,176
38	6,020	6,183	6,347	6,511	6,676	6,842	7,008	7,177	7,346	7,516	7,687	7,860	8,035	8,211	8,388
39	6,174	6,341	6,508	6,676	6,845	7,015	7,185	7,358	7,531	7,704	7,879	8,056	8,236	8,417	8,599
40	6,326	6,496	6,667	6,839	7,012	7,186	7,361	7,537	7,713	7,880	8,069	8,249	8,431	8,615	8,800

Tabelle VII.

a) Derbholz-Massentafel.
Altersklasse über 120 Jahre.

Schritthöhe m	Durchmesser des berindeten Stammes in 1,3 m Meßhöhe: cm														
	81	82	83	84	85	86	87	88	89	90	91	92	93	94	95
	Festmeter														
29	6,571	6,711	6,852	6,994	7,137	—	—	—	—	—	—	—	—	—	—
30	6,793	6,937	7,082	7,227	7,373	7,519	7,666	7,814	7,963	8,113	8 264	8,415	8,567	8,720	8,874
31	7,017	7,165	7,314	7,463	7,613	7,764	7,916	8,069	8,222	8,376	8,531	8,687	8,844	9,002	9,160
32	7,243	7,396	7,549	7,703	7,859	8,016	8,173	8,331	8,489	8,648	8,807	8,968	9,130	9,292	9,455
33	7,469	7,626	7,784	7,944	8,105	8,266	8,428	8,591	8,754	8,918	9,083	9,249	9,415	9,582	9,750
34	7,693	7,855	8,018	8,183	8,349	8,515	8,682	8,850	9,019	9,188	9,358	9,529	9,700	9,872	10,045
35	7,915	8,082	8,250	8,419	8,590	8,762	8,935	9,108	9,282	9,457	9,632	9,808	9,985	10,162	10,340
36	8,134	8,306	8,479	8,653	8,828	9,005	9,183	9,362	9,542	9,722	9,903	10,085	10,267	10,450	10,633
37	8,350	8,526	8,704	8,884	9,065	9,247	9,430	9,614	9,799	9,984	10,170	10,356	10,543	10,731	10,920
38	8,566	8,746	8,928	9,112	9,298	9,485	9,674	9,864	10,055	10,246	10,437	10,628	10,820	11,013	11,206
39	8,782	8,966	9,152	9,340	9,530	9,722	9,915	10,109	10,304	10,500	10,696	10,893	11,090	11,290	11,490
40	8,995	9,184	9,374	9,566	9,760	9,956	10,154	10,353	10,553	10,754	10,955	11,158	11,362	11,567	11,773
41	9,205	9,399	9,594	9,791	9,990	10,191	10,393	10,596	10,800	11,006	11,214	11,423	11,633	11,844	12,055

Schritthöhe n	Durchmesser des berindeten Stammes in 1,3 m Meßhöhe: cm														
	96	97	98	99	100	101	102	103	104	105	106	107	108	109	110
	Festmeter														
30	9,028	9,182	9,336	9,491	9,645	9,800	—	—	—	—	—	—	—	—	—
31	9,319	9,478	9,638	9,798	9,959	10,121	10,283	10,445	10,607	10,770	10,933	11,096	11,260	11,425	—
32	9,618	9,782	9,946	10,111	10,277	10,443	10,609	10,776	10,943	11,111	11,280	11,450	11,619	11,788	—
33	9,919	10,068	10,258	10,428	10,598	10,769	10,940	11,111	11,283	11,456	11,630	11,805	11,979	12,153	12,32
34	10,219	10,393	10,568	10,743	10,919	11,095	11,271	11,447	11,624	11,802	11,981	12,160	12,339	12,518	12,69
35	10,518	10,697	10,877	11,057	11,238	11,420	11,602	11,784	11,967	12,150	12,333	12,516	12,700	12,883	13,06
36	10,816	11,000	11,185	11,370	11,556	11,743	11,931	12,119	12,307	12,495	12,683	12,872	13,060	13,248	13,43
37	11,109	11,299	11,490	11,682	11,874	12,066	12,259	12,452	12,645	12,839	13,032	13,225	13,419	13,613	13,80
38	11,401	11,597	11,793	11,989	12,186	12,384	12,582	12,780	12,979	13,178	13,377	13,577	13,777	13,977	14,17
39	11,690	11,891	12,092	12,294	12,496	12,700	12,904	13,108	13,312	13,517	13,722	13,927	14,133	14,339	14,54
40	11,979	12,185	12,392	12,600	12,808	13,016	13,225	13,435	13,645	13,856	14,066	14,277	14,489	14,701	14,91
41	12,266	12,478	12,691	12,904	13,118	13,332	13 547	13,762	13,978	14,194	14,410	14,627	14,844	15,062	15,28
42	—	12,768	12,985	13,203	13,422	13,642	13,863	14,085	14,307	14,530	14,753	14,976	15,200	15,423	15,64
43	—	—	—	13,495	13,722	13,949	14,177	14,405	14,633	14,862	15,092	15,323	15,553	15,784	16,01
44	—	—	—	—	—	14,723	14,956	15,190	15,424	15,669	15,904	16,146	16,37		
45	—	—	—	—	—	—	—	—	—	—	—	16,013	16,253	16,493	16,73

Tabelle VII.

a) Derbholz-Massentafel.
Altersklasse über 120 Jahre.

Scheitel-höhe	Durchmesser des berindeten Stammes in 1,3 m Meßhöhe: cm									
	111	112	113	114	115	116	117	118	119	120
m	Festmeter									
33	12,502	12,677	12,852	—	—	—	—	—	—	—
34	12,876	13,056	13,236	13,416	13,596	—	—	—	—	—
35	13,252	13,436	13,621	13,806	13,991	14,176	14,361	—	—	—
36	13,628	13,819	14,010	14,200	14,390	14,580	14,770	14,960	15,151	15,340
37	14,004	14,200	14,397	14,592	14,788	14,984	15,180	15,376	15,572	15,769
38	14,379	14,581	14,783	14,984	15,186	15,388	15,590	15,792	15,995	16,198
39	14,753	14,960	15,168	15,376	15,584	15,792	16,001	16,210	16,419	16,629
40	15,126	15,339	15,553	15,767	15,982	16,197	16,412	16,627	16,843	17,059
41	15,499	15,718	15,938	16,158	16,379	16,600	16,822	17,044	17,267	17,480
42	15,872	16,097	16,323	16,549	16,776	17,003	17,230	17,458	17,686	17,913
43	16,246	16,477	16,709	16,941	17,173	17,405	17,638	17,870	18,103	18,336
44	16,613	16,850	17,087	17,325	17,564	17,803	18,042	18,281	18,520	18,760
45	16,976	17,219	17,462	17,706	17,951	18,196	18,442	18,688	18,934	19,181

Tabelle VIII.

b) Baum-Massentafel.
Für alle Altersklassen.

Scheitel-höhe	Durchmesser des berindeten Stammes in 1,3 m Meßhöhe: cm													
	2	3	4	5	6	7	8	9	10	11	12	13	14	15
m	Festmeter													
2	0,001	0,002	—	—	—	—	—	—	—	—	—	—	—	—
3	0,001	0,003	0,005	0,007	0,011	0,015	0,020	0,025	—	—	—	—	—	—
4	0,001	0,003	0,005	0,008	0,012	0,016	0,022	0,028	0,034	0,041	0,049	0,057	—	—
5	0,001	0,003	0,006	0,009	0,013	0,018	0,024	0,031	0,038	0,046	0,054	0,064	0,074	0,085
6	—	0,004	0,007	0,010	0,015	0,020	0,026	0,034	0,042	0,050	0,060	0,070	0,081	0,094
7	—	0,004	0,007	0,011	0,016	0,022	0,029	0,037	0,046	0,055	0,065	0,077	0,089	0,102
8	—	—	0,008	0,012	0,018	0,024	0,031	0,040	0,050	0,060	0,071	0,083	0,096	0,111
9	—	—	0,009	0,013	0,019	0,026	0,034	0,043	0,054	0,065	0,077	0,090	0,105	0,120
10	—	—	0,009	0,014	0,021	0,028	0,037	0,047	0,058	0,070	0,083	0,097	0,113	0,130
11	—	—	0,010	0,015	0,022	0,030	0,039	0,050	0,062	0,075	0,089	0,104	0,121	0,139
12	—	—	0,011	0,016	0,024	0,032	0,042	0,053	0,066	0,079	0,094	0,111	0,129	0,148
13	—	—	—	0,017	0,025	0,034	0,044	0,056	0,070	0,084	0,100	0,118	0,137	0,157
14	—	—	—	—	0,026	0,036	0,047	0,060	0,074	0,089	0,106	0,124	0,144	0,165
15	—	—	—	—	—	0,037	0,049	0,063	0,078	0,094	0,111	0,131	0,152	0,174
16	—	—	—	—	—	—	0,051	0,066	0,082	0,099	0,117	0,138	0,160	0,183
17	—	—	—	—	—	—	—	0,070	0,086	0,104	0,123	0,145	0,168	0,193
18	—	—	—	—	—	—	—	—	0,090	0,109	0,129	0,152	0,176	0,203
19	—	—	—	—	—	—	—	—	—	0,114	0,135	0,159	0,184	0,212
20	—	—	—	—	—	—	—	—	—	—	0,141	0,166	0,192	0,221
21	—	—	—	—	—	—	—	—	—	—	—	0,173	0,200	0,230
22	—	—	—	—	—	—	—	—	—	—	—	0,180	0,208	0,239
23	—	—	—	—	—	—	—	—	—	—	—	—	0,216	0,248
24	—	—	—	—	—	—	—	—	—	—	—	—	0,223	0,256
25	—	—	—	—	—	—	—	—	—	—	—	—	—	0,265

Tabelle VIII.

b) Baum-Maſſentafel.
Für alle Altersklaſſen.

Schnitthöhe	Durchmeſſer des berindeten Stammes in 1,3 m Meßhöhe: cm														
	16	17	18	19	20	21	22	23	24	25	26	27	28	29	30
m	Feſtmeter														
7	0,116	0,131	0,147	0,164	0,181	—	—	—	—	—	—	—	—	—	—
8	0,126	0,142	0,159	0,177	0,197	0,216	0,237	—	—	—	—	—	—	—	—
9	0,136	0,154	0,172	0,192	0,213	0,235	0,257	0,281	0,306	—	—	—	—	—	—
10	0,147	0,166	0,185	0,206	0,229	0,253	0,278	0,303	0,329	0,356	0,387	—	—	—	—
11	0,158	0,178	0,198	0,221	0,245	0,271	0,297	0,324	0,351	0,381	0,413	0,446	0,480	—	—
12	0,168	0,190	0,212	0,235	0,261	0,289	0,317	0,346	0,376	0,408	0,441	0,476	0,512	0,550	0,588
13	0,178	0,201	0,225	0,250	0,277	0,306	0,336	0,368	0,400	0,434	0,469	0,506	0,544	0,584	0,625
14	0,188	0,213	0,238	0,265	0,294	0,324	0,356	0,389	0,423	0,460	0,497	0,536	0,576	0,618	0,662
15	0,198	0,224	0,251	0,280	0,310	0,341	0,374	0,410	0,446	0,485	0,525	0,566	0,609	0,653	0,699
16	0,209	0,236	0,264	0,294	0,326	0,359	0,394	0,431	0,470	0,510	0,552	0,596	0,641	0,687	0,735
17	0,219	0,248	0,278	0,309	0,342	0,377	0,414	0,452	0,493	0,536	0,580	0,626	0,674	0,722	0,773
18	0,230	0,260	0,291	0,324	0,359	0,396	0,434	0,474	0,517	0,562	0,607	0,656	0,706	0,757	0,810
19	0,240	0,272	0,305	0,339	0,375	0,414	0,454	0,496	0,541	0,588	0,635	0,686	0,738	0,792	0,847
20	0,251	0,284	0,318	0,354	0,392	0,432	0,474	0,518	0,565	0,613	0,663	0,716	0,770	0,826	0,884
21	0,261	0,295	0,331	0,369	0,408	0,450	0,494	0,540	0,588	0,638	0,690	0,745	0,801	0,859	0,919
22	0,271	0,306	0,343	0,383	0,424	0,467	0,513	0,560	0,610	0,662	0,717	0,774	0,832	0,892	0,954
23	0,281	0,317	0,355	0,396	0,439	0,484	0,532	0,580	0,632	0,687	0,743	0,802	0,862	0,925	0,989
24	0,291	0,328	0,367	0,409	0,454	0,501	0,550	0,601	0,654	0,710	0,768	0,829	0,892	0,957	1,023
25	0,301	0,339	0,379	0,423	0,469	0,517	0,568	0,621	0,675	0,733	0,793	0,856	0,921	0,988	1,056
26	0,310	0,350	0,391	0,436	0,484	0,533	0,585	0,639	0,696	0,756	0,818	0,882	0,949	1,018	1,088
27	0,319	0,361	0,403	0,448	0,497	0,548	0,601	0,657	0,715	0,777	0,841	0,906	0,975	1,046	1,119
28	—	0,372	0,415	0,461	0,510	0,562	0,617	0,675	0,734	0,797	0,862	0,930	1,000	1,073	1,148
29	—	—	—	0,473	0,523	0,576	0,632	0,692	0,753	0,817	0,883	0,952	1,024	1,099	1,175
30	—	—	—	—	0,590	0,647	0,708	0,771	0,836	0,903	0,973	1,046	1,123	1,201	
31	—	—	—	—	—	—	—	—	—	0,922	0,994	1,068	1,146	1,226	
32	—	—	—	—	—	—	—	—	—	—	1,012	1,088	1,167	1,249	
33	—	—	—	—	—	—	—	—	—	—	—	1,106	1,186	1,269	
34	—	—	—	—	—	—	—	—	—	—	—	—	1,204	1,287	
35	—	—	—	—	—	—	—	—	—	—	—	—	—	1,304	

Weißtanne.

Tabelle VIII.

b) Baum-Massentafel.
Für alle Altersklassen.

Scheitelhöhe m	Durchmesser des berindeten Stammes in 1,3 m Meßhöhe: cm														
	31	32	33	34	35	36	37	38	39	40	41	42	43	44	45
	Festmeter														
13	0,668	0,710	—	—	—	—	—	—	—	—	—	—	—	—	—
14	0,707	0,752	0,800	0,850	—	—	—	—	—	—	—	—	—	—	—
15	0,746	0,794	0,845	0,897	0,951	1,007	—	—	—	—	—	—	—	—	—
16	0,785	0,836	0,890	0,945	1,002	1,060	1,119	1,180	—	—	—	—	—	—	—
17	0,825	0,879	0,935	0,992	1,051	1,112	1,175	1,239	1,306	1,374	—	—	—	—	—
18	0,864	0,921	0,980	1,040	1,102	1,166	1,232	1,300	1,369	1,441	1,513	1,587	—	—	—
19	0,904	0,963	1,024	1,087	1,152	1,220	1,288	1,359	1,432	1,506	1,581	1,659	1,740	1,822	—
20	0,943	1,005	1,068	1,134	1,202	1,271	1,343	1,416	1,493	1,570	1,649	1,730	1,814	1,900	1,968
21	0,981	1,045	1,111	1,180	1,251	1,323	1,397	1,474	1,553	1,634	1,716	1,800	1,887	1,977	2,086
22	1,019	1,085	1,154	1,226	1,299	1,374	1,451	1,532	1,613	1,697	1,782	1,870	1,960	2,052	2,147
23	1,056	1,124	1,196	1,271	1,346	1,424	1,504	1,587	1,672	1,759	1,847	1,938	2,031	2,126	2,224
24	1,092	1,163	1,237	1,314	1,392	1,473	1,556	1,641	1,729	1,819	1,910	2,004	2,101	2,200	2,301
25	1,127	1,201	1,277	1,356	1,437	1,521	1,606	1,694	1,785	1,878	1,972	2,069	2,169	2,271	2,375
26	1,162	1,238	1,315	1,397	1,481	1,567	1,654	1.745	1,839	1,935	2,031	2,132	2,235	2,341	2,447
27	1,194	1,272	1,352	1,436	1,522	1,610	1,701	1,794	1,891	1,989	2,088	2,191	2,297	2,405	2,515
28	1,225	1,305	1,387	1,473	1,561	1,652	1,745	1,840	1,939	2,040	2,143	2,248	2,357	2,469	2,581
29	1,255	1,336	1,421	1,509	1,599	1,692	1,787	1,885	1,986	2,089	2,194	2,302	2,413	2,528	2,643
30	1,283	1,366	1,453	1,543	1,634	1,729	1,826	1,927	2,030	2,136	2,243	2,353	2,467	2,584	2,701
31	1,309	1,394	1,483	1,574	1,668	1,765	1,864	1,966	2,072	2,180	2,289	2,402	2,518	2,637	2,757
32	1,333	1,420	1,510	1,604	1,700	1,798	1,898	2,003	2,110	2,220	2,331	2,446	2,564	2,686	2,808
33	1,355	1,443	1,535	1,630	1,727	1,827	1,930	2,036	2,145	2,256	2,369	2,486	2,606	2,730	2,854
34	1,375	1,464	1,557	1,654	1,752	1,854	1,958	2,065	2,176	2,289	2,404	2,522	2,644	2,770	2,895
35	1,392	1,483	1,577	1,674	1,774	1,877	1,982	2,091	2,204	2,318	2,434	2,554	2,677	2,804	2,931
36	1,407	1,499	1,594	1,693	1,793	1,898	2,004	2,114	2,228	2,343	2,460	2,582	2,707	2,834	2,963
37	—	—	—	—	—	—	—	—	—	—	2,482	2,604	2,730	2,859	2,991
38	—	—	—	—	—	—	—	—	—	—	—	—	—	—	—

b) **Baum=Massentafel.**
Für alle Altersklassen. **Tabelle VIII.**

Schafthöhe m	Durchmesser des berindeten Stammes in 1,3 m Meßhöhe: cm														
	46	47	48	49	50	51	52	53	54	55	56	57	58	59	60
m	Festmeter														
21	2,161	2,256	2,353	2,452	2,553	2,656	2,761	—	—	—	—	—	—	—	—
22	2,244	2,342	2,444	2,546	2,650	2,758	2,867	2,978	3,091	—	—	—	—	—	—
23	2,325	2,427	2,532	2,639	2,747	2,858	2,971	3,086	3,204	3,324	3,448	—	—	—	—
24	2,405	2,511	2,619	2,729	2,841	2,956	3,073	3,192	3,314	3,438	3,564	3,693	3,823	—	—
25	2,482	2,592	2,704	2,818	2,934	3,052	3,173	3,296	3,421	3,550	3,680	3,813	3,948	4,085	4,224
26	2,558	2,670	2,785	2,903	3,022	3,144	3,269	3,395	3,524	3,657	3,791	3,928	4,066	4,208	4,351
27	2,629	2,745	2,863	2,984	3,107	3,232	3,360	3,490	3,623	3,759	3,896	4,037	4,180	4,325	4,472
28	2,697	2,816	2,938	3,062	3,188	3,316	3,447	3,580	3,717	3,856	3,997	4,142	4,288	4,437	4,588
29	2,762	2,884	3,008	3,134	3,263	3,395	3,530	3,666	3,806	3,949	4,094	4,241	4,391	4,544	4,698
30	2,824	2,948	3,075	3,204	3,335	3,471	3,609	3,748	3,891	4,037	4,185	4,336	4,489	4,645	4,803
31	2,881	3,008	3,138	3,270	3,404	3,543	3,683	3,825	3,971	4,120	4,271	4,425	4,581	4,741	4,902
32	2,935	3,064	3,196	3,330	3,467	3,608	3,751	3,896	4,044	4,196	4,350	4,507	4,666	4,828	4,993
33	2,983	3,114	3,249	3,386	3,525	3,667	3,812	3,960	4,111	4,265	4,421	4,581	4,743	4,907	5,074
34	3,026	3,159	3,296	3,434	3,575	3,720	3,868	4,017	4,170	4,326	4,485	4,647	4,812	4,979	5,148
35	3,063	3,199	3,338	3,478	3,621	3,767	3,917	4,069	4,223	4,381	4,542	4,706	4,872	5,041	5,213
36	3,098	3,234	3,373	3,515	3,659	3,807	3,959	4,113	4,269	4,429	4,592	4,757	4,924	5,095	5,270
37	3,125	3,262	3,403	3,546	3,692	3,841	3,993	4,147	4,305	4,467	4,630	4,798	4,968	5,140	5,315
38	3,144	3,283	3,425	3,569	3,715	3,865	4,019	4,175	4,333	4,495	4,660	4,828	4,999	5,173	5,349

Schafthöhe m	Durchmesser des berindeten Stammes in 1,3 m Meßhöhe: cm														
	61	62	63	64	65	66	67	68	69	70	71	72	73	74	75
m	Festmeter														
26	4,497	4,646	4,797	4,951	—	—	—	—	—	—	—	—	—	—	—
27	4,623	4,776	4,931	5,089	5,249	5,412	—	—	—	—	—	—	—	—	—
28	4,742	4,900	5,059	5,221	5,385	5,552	5,722	5,895	—	—	—	—	—	—	—
29	4,856	5,018	5,181	5,347	5,515	5,686	5,860	6,036	6,214	6,395	6,579	6,766	6,955	7,146	7,340
30	4,964	5,129	5,296	5,466	5,638	5,813	5,991	6,171	6,353	6,538	6,726	6,918	7,112	7,309	7,508
31	5,067	5,235	5,405	5,578	5,753	5,932	6,114	6,298	6,485	6,675	6,867	7,061	7,258	7,458	7,661
32	5,160	5,331	5,505	5,681	5,860	6,043	6,227	6,414	6,603	6,796	6,992	7,190	7,391	7,596	7,804
33	5,245	5,419	5,595	5,774	5,956	6,141	6,329	6,519	6,711	6,907	7,106	7,309	7,513	7,720	7,930
34	5,321	5,498	5,676	5,858	6,042	6,230	6,421	6,614	6,809	7,007	7,209	7,414	7,621	7,832	8,045
35	5,388	5,567	5,748	5,932	6,118	6,308	6,502	6,697	6,895	7,096	7,300	7,508	7,718	7,931	8,147
36	5,447	5,627	5,811	5,997	6,185	6,377	6,572	6,770	6,970	7,173	7,380	7,590	7,802	8,017	8,235
37	5,493	5,676	5,860	6,048	6,238	6,431	6,628	6,827	7,029	7,234	7,443	7,655	7,869	8,086	8,306
38	5,528	5,712	5,898	6,086	6,278	6,473	6,671	6,872	7,075	7,281	7,490	7,703	7,918	8,137	8,358
39	5,561	5,745	5,932	6,122	6,315	6,510	6,709	6,911	7,115	7,322	7,533	7,747	7,963	8,186	8,410
40	5,587	5,772	5,960	6,151	6,344	6,541	6,741	6,944	7,149	7,357	7,569	7,785	8,004	8,225	8,449
41	5,607	5,793	5,981	6,173	6,367	6,565	6,766	6,970	7,176	7,385	7,598	7,815	8,034	8,256	8,480
42	5,622	5,808	5,997	6,190	6,385	6,583	6,784	6,988	7,195	7,405	7,619	7,836	8,055	8,276	8,500

Tabelle VIII.

b) Baum-Massentafel.

Für alle Altersklassen.

Scheitelhöhe m	Durchmesser des berindeten Stammes in 1,3 m Meßhöhe: cm													
	76	77	78	79	80	81	82	83	84	85	86	87	88	89
	Festmeter													
30	7,708	7,912	8,118	8,328	8,541	8,755	8,973	9,193	9,145	9,640	9,868	10,008	10,331	10,566
31	7,866	8,075	8,286	8,500	8,717	8,936	9,158	9,383	9,610	9,840	10,073	10,308	10,546	10,787
32	8,013	8,225	8,440	8,657	8,877	9,100	9,326	9,556	9,788	10,022	10,259	10,499	10,741	10,986
33	8,142	8,350	8,576	8,799	9,023	9,250	9,479	9,713	9,948	10,187	10,427	10,671	10,917	11,167
34	8,260	8,479	8,701	8,926	9,154	9,384	9,617	9,853	10,092	10,334	10,578	10,825	11,075	11,328
35	8,366	8,588	8,812	9,039	9,269	9,502	9,738	9,978	10,220	10,465	10,712	10,962	11,215	11,472
36	8,455	8,679	8,906	9,137	9,370	9,605	9,843	10,085	10,330	10,578	10,828	11,081	11,337	11,596
37	8,528	8,754	8,983	9,216	9,451	9,688	9,928	10,172	10,419	10,669	10,921	11,176	11,434	11,696
38	8,582	8,809	9,040	9,274	9,511	9,750	9,992	10,237	10,485	10,736	10,990	11,247	11,507	11,770
39	8,634	8,863	9,095	9,330	9,568	9,808	10,051	10,297	10,546	10,798	11,053	11,312	11,574	11,839
40	8,675	8,904	9,137	9,373	9,612	9,853	10,097	10,344	10,595	10,849	11,106	11,366	11,629	11,895
41	8,706	8,930	9,169	9,406	9,646	9,888	10,133	10,382	10,634	10,889	11,147	11,408	11,671	11,938
42	8,728	8,959	9,193	9,431	9,672	9,915	10,161	10,411	10,664	10,920	11,178	11,439	11,703	11,970

Scheitelhöhe m	Durchmesser des berindeten Stammes in 1,3 m Meßhöhe: cm													
	90	91	92	93	94	95	96	97	98	99	100	101	102	103
	Festmeter													
30	10,806	—	—	—	—	—	—	—	—	—	—	—	—	—
31	11,032	11,278	11,527	11,779	12,034	12,291	12,551	12,814	13,079	13,348	13,619	13,893	14,169	14,4
32	11,235	11,486	11,740	11,997	12,256	12,517	12,782	13,050	13,321	13,595	13,871	14,149	14,430	14,7
33	11,420	11,674	11,933	12,194	12,457	12,723	12,992	13,264	13,539	13,817	14,098	14,381	14,667	14,9
34	11,585	11,843	12,106	12,371	12,638	12,907	13,180	13,457	13,736	14,018	14,302	14,590	14,880	15,1
35	11,731	11,993	12,259	12,527	12,797	13,070	13,347	13,627	13,909	14,195	14,483	14,774	15,068	15,3
36	11,859	12,123	12,392	12,663	12,936	13,212	13,492	13,775	14,060	14,349	14,640	14,934	15,231	15,5
37	11,961	12,227	12,498	12,771	13,047	13,326	13,608	13,893	14,181	14,472	14,766	15,063	15,362	15,6
38	12,036	12,305	12,578	12,852	13,130	13,410	13,694	13,981	14,271	14,564	14,860	15,159	15,460	15,7
39	12,106	12,377	12,651	12,927	13,207	13,489	13,774	14,063	14,355	14,650	14,947	15,247	15,550	15,8
40	12,164	12,436	12,711	12,988	13,269	13,552	13,839	14,129	14,422	14,718	15,017	15,319	15,623	15,9
41	12,208	12,481	12,757	13,036	13,318	13,602	13,890	14,181	14,475	14,772	15,072	15,375	15,680	15,9
42	12,241	12,514	12,791	13,070	13,353	13,638	13,926	14,218	14,513	14,811	15,111	15,415	15,721	16,0
43	—	12,527	12,804	13,084	13,367	13,652	13,941	14,233	14,528	14,826	15,127	15,431	15,738	16,0
44	—	12,533	12,811	13,091	13,374	13,659	13,948	14,240	14,535	14,834	15,135	15,439	15,746	16,0

Tabelle VIII.

b) Baum-Massentafel.
Für alle Altersklassen.

Scheitelhöhe m	Durchmesser des berindeten Stammes in 1,3 m Meßhöhe: cm											
	104	105	106	107	108	109	110	111	112	113	114	115
	Festmeter											
31	14,730	15,014	—	—	—	—	—	—	—	—	—	—
32	15,001	15,290	—	—	—	—	—	—	—	—	—	—
33	15,248	15,542	15,839	16,139	16,442	16,748	17,058	17,370	17,685	18,004	18,325	18,648
34	15,469	15,768	16,070	16,375	16,682	16,992	17,305	17,621	17,940	18,263	18,588	18,915
35	15,664	15,967	16,273	16,582	16,893	17,206	17,523	17,843	18,166	18,492	18,821	19,153
36	15,835	16,141	16,450	16,762	17,076	17,393	17,714	18,038	18,365	18,694	19,026	19,361
37	15,970	16,279	16,591	16,905	17,223	17,543	17,866	18,193	18,523	18,855	19,190	19,528
38	16,072	16,383	16,697	17,013	17,332	17,654	17,979	18,308	18,640	18,975	19,312	19,652
39	16,166	16,478	16,794	17,112	17,433	17,757	18,084	18,415	18,748	19,085	19,424	19,766
40	16,242	16,556	16,873	17,193	17,516	17,841	18,170	18,502	18,837	19,175	19,516	19,860
41	16,301	16,616	16,935	17,256	17,580	17,906	18,236	18,570	18,906	19,245	19,587	19,932
42	16,344	16,660	16,979	17,301	17,626	17,953	18,284	18,618	18,955	19,295	19,639	19,985
43	16,361	16,677	16,997	17,319	17,644	17,972	18,303	18,638	18,975	19,316	19,659	20,005
44	16,370	16,686	17,006	17,328	17,653	17,981	18,312	18,648	18,985	19,326	19,669	20,015

Scheitelhöhe m	Durchmesser des berindeten Stammes in 1,3 m Meßhöhe: cm				
	116	117	118	119	120
	Festmeter				
34	19,245	19,578	19,914	20,253	20,595
35	19,488	19,825	20,165	20,508	20,855
36	19,699	20,040	20,384	20,731	21,062
37	19,868	20,211	20,558	20,909	21,263
38	19,995	20,341	20,691	21,043	21,398
39	20,111	20,459	20,811	21,165	21,523
40	20,206	20,555	20,908	21,265	21,625
41	20,280	20,631	20,986	21,343	21,703
42	20,334	20,686	21,041	21,399	21,760
43	20,354	20,707	21,063	21,421	21,783
44	20,364	20,717	21,074	21,432	21,794

II.

Massentafeln

für

Nadelholzstangen

bearbeitet

von

Oberforstrat **Schuberg**.

———

Tabelle IX.

1. Fichte.

Scheitellänge m	Durchmesser in Centimeter bei 1 m vom Stockende										
	2,5	3,0	3,5	4,0	4,5	5,0	5,5	6 0	6,5	7,0	7,5
	100 Stück haben Festmeter										
3	0,090	0,130	—	—	—	—	—	—	—	—	—
4	0,110	0,160	0,220	0,300	—	—	—	—	—	—	—
5	0,130	0,190	0,260	0,350	—	—	—	—	—	—	—
6	0,160	0,230	0,310	0,420	0,530	0,670	0,810	—	—	—	—
7	0,190	0,270	0,370	0,500	0,640	0,780	0,930	1,100	1,270	—	—
8	—	—	0,450	0,600	0,760	0,920	1,090	1,270	1,450	1,660	1,890
9	—	—	0,550	0,720	0,900	1,080	1,270	1,460	1,660	1,880	2,140
10	—	—	—	—	1,050	1,240	1,440	1,650	1,860	2,110	2,400
11	—	—	—	—	—	1,400	1,620	1,850	2,090	2,370	2,700
12	—	—	—	—	—	—	1,820	2,070	2,330	2,650	3,010
13	—	—	—	—	—	—	—	2,300	2,600	2,950	3,330
14	—	—	—	—	—	—	—	—	—	—	3,660

Tabelle X.

2. Kiefer.

Scheitellänge m	2,5	3,0	3,5	4,0	4,5	5,0	5,5	6 0	6,5	7,0	7,5
3	0,120	0,160	—	—	—	—	—	—	—	—	—
4	0,145	0,200	0,260	0,330	—	—	—	—	—	—	—
5	0,180	0,240	0,300	0,370	—	—	—	—	—	—	—
6	0,215	0,280	0,350	0,420	0,500	0,620	0,750	—	—	—	—
7	0,260	0,335	0,420	0,505	0,600	0,710	0,860	1,000	1,170	—	—
8	—	—	0,500	0,600	0,710	0,840	0,980	1,140	1,310	1,500	1,690
9	—	—	—	—	0,830	0,970	1,110	1,280	1,450	1,670	1,880
10	—	—	—	—	0,970	1,110	1,260	1,440	1,610	1,850	2,080
11	—	—	—	—	1,110	1,250	1,420	1,600	1,800	2,050	2,310
12	—	—	—	—	—	—	—	—	1,990	2,260	2,530

Tabelle XI.

3. Weißtanne.

Scheitellänge m	2,5	3,0	3,5	4,0	4,5	5,0	5,5	6 0	6,5	7,0	7,5
3	0,100	0,140	0,210	—	—	—	—	—	—	—	—
4	0,120	0,180	0,260	0,340	—	—	—	—	—	—	—
5	0,145	0,220	0,310	0,400	—	—	—	—	—	—	—
6	0,175	0,260	0,365	0,480	0,590	0,690	0,850	—	—	—	—
7	0,210	0,305	0,430	0,560	0,690	0,810	0,970	1,140	1,320	—	—
8	—	—	0,510	0,660	0,805	0,950	1,120	1,300	1,500	1,720	1,950
9	—	—	—	—	0,950	1,100	1,290	1,490	1,700	1,940	2,200
10	—	—	—	—	—	1,260	1,470	1,690	1,920	2,190	2,470
11	—	—	—	—	—	—	—	1,920	2,170	2,450	2,760
12	—	—	—	—	—	—	—	—	2,420	2,730	3,060

1. Fichte.

Tabelle IX.

Scheitel-länge m	Durchmesser in Centimeter bei 1 m vom Stockende									
	8,0	8,5	9,0	9,5	10,0	10,5	11	12	13	14
	100 Stück haben Festmeter						1 Stück hat Festmeter			
9	2,430	2,750	3,080	3,430	3,800	4,180	—	—	—	—
10	2,720	3,060	3,420	3,790	4,180	4,580	—	—	—	—
11	3,040	3,400	3,760	4,140	4,560	4,980	—	—	—	—
12	3,370	3,740	4,120	4,510	4,950	5,400	0,059	0,070	0,082	0,096
13	3,710	4,100	4,500	4,900	5,380	5,860	0,064	0,076	0,089	0,104
14	4,080	4,500	4,920	5,350	5,840	6,380	0,070	0,082	0,096	0,112
15	—	4,900	5,350	5,820	6,330	6,900	0,075	0,089	0,103	0,120
16	—	—	—	6,250	6,820	7,450	0,081	0,096	0,111	0,129
17	—	—	—	—	—	8,020	0,087	0,102	0,119	0,138
18	—	—	—	—	—	—	0,093	0,110	0,128	0,147
19	—	—	—	—	—	—	—	0,118	0,136	0,156
20	—	—	—	—	—	—	—	—	0,145	0,166

2. Kiefer.

Tabelle X.

Scheitel-länge m	8,0	8,5	9,0	9,5	10,0	10,5	11	12	13	14
9	2,130	2,370	2,640	2,920	3,200	3,480	—	—	—	—
10	2,350	2,600	2,880	3,160	3,470	3,760	—	—	—	—
11	2,580	2,840	3,150	3,440	3,750	4,060	—	—	—	—
12	2,820	3,100	3,410	3,730	4,060	4,400	0,047	0,055	—	—
13	—	3,380	3,720	4,040	4,390	4,720	0,051	0,059	0,069	—
14	—	—	—	4,370	4,740	5,100	0,055	0,064	0,074	—
15	—	—	—	—	—	5,480	0,059	0,068	0,079	0,090
16	—	—	—	—	—	5,900	0,063	0,073	0,084	0,096
17	—	—	—	—	—	—	—	0,078	0,089	0,102
18	—	—	—	—	—	—	—	0,083	0,095	0,108

3. Weißtanne.

Tabelle XI.

Scheitel-länge m	8,0	8,5	9,0	9,5	10,0	10,5	11	12	13	14
9	2,500	2,830	3,160	3,510	3,880	4,250	—	—	—	—
10	2,800	3,150	3,500	3,870	4,260	4,650	—	—	—	—
11	3,100	3,470	3,840	4,230	4,630	5,050	—	—	—	—
12	3,430	3,820	4,200	4,600	5,030	5,480	0,060	0,071	0,084	0,098
13	—	4,200	4,580	5,010	5,450	5,930	0,065	0,077	0,090	0,106
14	—	—	4,970	5,420	5,890	6,400	0,070	0,083	0,098	0,114
15	—	—	—	5,850	6,360	6,900	0,075	0,090	0,105	0,122
16	—	—	—	—	—	7,400	0,081	0,096	0,113	0,131
17	—	—	—	—	—	—	0,087	0,104	0,121	0,139
18	—	—	—	—	—	—	—	0,112	0,129	0,149
19	—	—	—	—	—	—	—	0,120	0,138	0,158
20	—	—	—	—	—	—	—	—	0,147	0,167

III.

Baum- und Derbformzahlen

der

Eiche

für die Meßhöhe von 1,3 m,

einer begonnenen größeren Arbeit entnommen

von

Oberforstrat **Schuberg.**

Erläuterung.

Die Formzahlen von 822 Probestämmen, welche nach dem allgemeinen Arbeitsplan des Vereins der Versuchsanstalten in Hochwaldbeständen gefällt und aufgenommen worden sind, wurden nach ihrer Schaftausformung (Verhältnis der Schaftstärke in halber Baumhöhe zur Grundstärke in Meßhöhe) in 5 Gruppen zerlegt:

a) sehr abformig   b) abformig   c) mittelformig   d) vollformig   e) sehr vollformig
   unter 62 %   62—67 %   68—73 %   74—79 %   80—85 %

Hiervon wurden Gruppe a und e — weil ungenügend vertreten und von seltenerem Vorkommen — vorläufig weggelassen.

Die 3 Mittelgruppen b bis d sind in den beiden Formzahltafeln, von 7 bis zu 60 cm Grundstärke, in Höhenstufen von je 2 m und in Stärkestufen von je 10 cm (die unterste Stufe mit 7 bis 15 cm ausgenommen) dargestellt.

Beim Gebrauch der Tafeln muß Messung oder Schätzung der Mittenstärke anheimgegeben werden.

Unter 7 cm Grundstärke wurde die Baumformzahl vorläufig festgestellt für die Baumhöhen von

       6—7 m   8—10 m   11—14 m
    auf 0,830   0,715   0,630

Tabelle XII.

Formgruppen.

A. Baumformzahlen.

Baumhöhe m	Abformig (62—67 %) Grundstärke (cm)					Mittelformig (68—73 %)						Vollformig (74—79 %)					
	7 bis 15	16 bis 25	26 bis 35	36 bis 45	46 bis 55	7 bis 15	16 bis 25	26 bis 35	36 bis 45	46 bis 55	55 und mehr	7 bis 15	16 bis 25	26 bis 35	36 bis 45	46 bis 55	56 und mehr
9—10	0,640	—	—	—	—	0,670	0,730	—	—	—	—	0,687	0,760	—	—	—	—
11—13	0,598	0,620	—	—	—	0,616	0,668	—	—	—	—	0,660	0,705	—	—	—	—
13—15	0,573	0,594	—	—	—	0,592	0,624	0,648	—	—	—	0,642	0,675	0,688	—	—	—
15—17	0,553	0,571	0,585	—	—	0,577	0,598	0,615	—	—	—	0,624	0,650	0,665	—	—	—
17—19	0,533	0,548	0,562	—	—	0,505	0,578	0,591	0,600	—	—	0,609	0,630	0,646	0,656	—	—
19—21	0,518	0,530	0,543	0,560	—	0,554	0,563	0,575	0,585	0,595	—	0,595	0,615	0,630	0,640	0,652	—
21—23	—	0,513	0,527	0,544	—	—	0,551	0,562	0,573	0,582	—	0,583	0,601	0,616	0,627	0,638	—
23—25	—	0,500	0,515	0,531	0,540	—	0,540	0,551	0,563	0,571	0,580	—	0,590	0,605	0,616	0,627	—
25—27	—	—	0,505	0,515	0,529	—	0,533	0,542	0,553	0,561	0,570	—	0,580	0,594	0,606	0,617	0,627
27—29	—	—	0,495	0,510	0,520	—	0,528	0,535	0,545	0,552	0,562	—	0,572	0,586	0,598	0,609	0,618
29—31	—	—	0,488	0,501	0,512	—	—	0,529	0,538	0,546	0,555	—	0,565	0,578	0,591	0,602	0,611
31—33	—	—	0,482	0,494	0,506	—	—	0,524	0,532	0,540	0,550	—	0,560	0,572	0,585	0,596	0,605
33—35	—	—	—	0,490	0,500	—	—	0,520	0,527	0,535	0,544	—	0,556	0,568	0,581	0,591	0,600
35—37	—	—	—	—	0,496	—	—	—	0,523	0,532	0,540	—	—	0,565	0,577	0,587	0,596

B. Derbholzformzahlen.

Baumhöhe m	Abformig (62—67 %) Grundstärke (cm)					Mittelformig (68—73 %)						Vollformig (74—79 %)					
	7 bis 15	16 bis 25	26 bis 35	36 bis 45	46 bis 55	7 bis 15	16 bis 25	26 bis 35	36 bis 45	46 bis 55	55 und mehr	7 bis 15	16 bis 25	26 bis 35	36 bis 45	46 bis 55	56 und mehr
9—10	—	—	—	—	—	0,400	0,463	—	—	—	—	0,414	0,494	—	—	—	—
11—13	0,390	0,430	—	—	—	0,430	0,477	—	—	—	—	0,465	0,511	—	—	—	—
13—15	0,420	0,441	—	—	—	0,448	0,484	0,494	—	—	—	0,485	0,519	0,533	—	—	—
15—17	0,437	0,448	0,457	—	—	0,457	0,489	0,497	—	—	—	0,497	0,525	0,537	—	—	—
17—19	0,445	0,453	0,460	—	—	0,463	0,492	0,500	—	—	—	0,504	0,529	0,540	0,543	—	—
19—21	0,450	0,455	0,461	0,467	—	0,467	0,494	0,500	0,503	0,506	—	0,509	0,532	0,541	0,545	0,548	—
21—23	0,452	0,456	0,462	0,468	—	0,472	0,495	0,500	0,504	0,506	0,510	0,511	0,533	0,542	0,546	0,549	0,552
23—25	—	0,455	0,462	0,468	0,474	—	0,495	0,500	0,504	0,507	0,510	—	0,534	0,543	0,547	0,550	0,553
25—27	—	0,454	0,462	0,467	0,475	—	0,494	0,499	0,503	0,506	0,509	—	0,535	0,543	0,547	0,551	0,554
27—29	—	0,461	0,466	0,475	—	—	0,492	0,498	0,502	0,505	0,508	—	0,535	0,542	0,546	0,551	0,554
29—31	—	—	0,459	0,465	0,474	—	—	0,495	0,500	0,503	0,506	—	0,534	0,541	0,545	0,550	0,554
31—33	—	—	0,455	0,464	0,473	—	—	0,493	0,498	0,501	0,504	—	0,533	0,540	0,544	0,550	0,553
33—35	—	—	—	—	0,471	—	—	—	0,494	0,498	0,501	—	0,531	0,537	0,542	0,549	0,551
35—37	—	—	—	—	0,469	—	—	—	0,493	0,496	0,498	—	—	0,534	0,540	0,548	0,550

IV.

Bestandesformzahlen

für

Buche, Eiche, Fichte, Kiefer und Weißtanne

im haubaren Alter,

zusammengestellt

von

Professor Dr. **Schwappach**.

Bemerkung: Die Bestandesformzahlen dienen zur Berechnung der Bestandesmasse nach der Formel: GHF.

Holzart	Derbholzformzahlen					Baumformzahlen				
	Standortsklasse					Standortsklasse				
	I.	II.	III.	IV.	V.	I.	II.	III.	IV.	V.
Buche¹)	0,51	0,51	0,50	0,50	0,49	0,60	0,59	0,58	0,59	0,61
Eiche²)	0,51	0,51	0,52	0,52	—	0,56	0,57	0,57	0,58	—
Fichte³)	0,49	0,50	0,52	0,54	0,57	0,54	0,56	0,59	0,64	0,71
Kiefer⁴)	0,45	0,46	0,46	0,47	0,48	0,49	0,50	0,52	0,54	0,60
Weißtanne⁵)	0,50	0,52	0,53	0,51	—	0,55	0,59	0,60	0,59	—

¹) Nach: Schwappach, Wachstum und Ertrag normaler Rotbuchenbestände. Berlin 1893.
²) Nach Materialien der badischen, hessischen und preußischen Versuchsanstalten.
³) Nach: Schwappach, Wachstum und Ertrag normaler Fichtenbestände. Berlin 1890.
⁴) Nach: Schwappach, Neuere Untersuchungen über Wachstum und Ertrag normaler Kiefernbestände. Berlin 1896.
⁵) Nach: Lorey, Ertragstafeln für die Weißtanne. 2. Aufl. Frankfurt 1897.